Wertschätzung in Organisationen fördern

Praxis der Personalpsychologie
Human Resource Management kompakt
Band 42

Wertschätzung in Organisationen fördern

Dr. Alexander Häfner, Dr. Julia Hartmann-Pinneker

Alexander Häfner
Julia Hartmann-Pinneker

Wertschätzung in Organisationen fördern

Dr. Alexander Häfner, geb. 1979. 2000–2006 Studium der Psychologie in Würzburg. 2006–2012 Wissenschaftlicher Mitarbeiter an der Julius-Maximilians Universität Würzburg. 2012 Promotion. Weiterbildungen als Trainer und Coach. Seit 2012 Leiter Personalentwicklung bei der Würth Industrie Service GmbH & Co. KG. Seit 2014 Mitglied im Vorstand der Sektion Wirtschaftspsychologie des Berufsverbands Deutscher Psychologinnen und Psychologen. Arbeitsschwerpunkte: Führungskräfteausbildung, Mitarbeiterbindung, Organisationsentwicklung.

Dr. Julia Hartmann-Pinneker, geb. 1983. 2003–2009 Studium der Psychologie in Würzburg und Granada (Spanien). 2014 Approbation zur Psychologischen Psychotherapeutin (Verhaltenstherapie). 2018 Promotion. 2009–2018 Personalentwicklerin/Beraterin im Gesundheitsmanagement bei der Würth Industrie Service GmbH & Co. KG in Bad Mergentheim. 2013–2018 Wissenschaftliche Mitarbeiterin in der Abteilung für Psychotherapie und Medizinische Psychologie der Universität Würzburg. Seit 2019 in eigener vertragsärztlicher psychotherapeutischer Praxis „Main Psychotherapieplatz" in Veitshöchheim tätig.

Bibliografische Information der Deutschen Nationalbibliothek
Die Deutsche Nationalbibliothek verzeichnet diese Publikation in der Deutschen Nationalbibliografie; detaillierte bibliografische Daten sind im Internet über http://dnb.dnb.de abrufbar.

Hogrefe Verlag GmbH & Co. KG
Merkelstraße 3
37085 Göttingen
Deutschland
Tel. +49 551 999 50 0
Fax +49 551 999 50 111
info@hogrefe.de
www.hogrefe.de

Umschlagabbildung: © iStock.com by Getty Images / boggy22
Satz: Franziska Stolz, Hogrefe Verlag GmbH & Co. KG, Göttingen
Druck: mediaprint solutions GmbH, Paderborn
Printed in Germany
Auf säurefreiem Papier gedruckt

1. Auflage 2023

(E-Book-ISBN [PDF] 978-3-8409-3128-4; E-Book-ISBN [EPUB] 978-3-8444-3128-5)
ISBN 978-3-8017-3128-1
https://doi.org/10.1026/03128-000

Inhaltsverzeichnis

1 Wertschätzung in Organisationen

Abwertende Äußerungen gegenüber Angehörigen von Minderheiten (z. B. Sinti und Roma, Menschen jüdischen Glaubens), Drohungen gegenüber Politikern[1], Asylbewerbern und Polizisten, Beleidigungen in sozialen Medien oder stark abwertende Zuspitzungen in politischen Auseinandersetzungen – es fehlt offensichtlich an vielen Stellen in unserer Gesellschaft an gegenseitigem Respekt. Abwertung hat Hochkonjunktur.

Seit vielen Jahren erleben wir dazu einen gesellschaftlichen Diskurs. So wird beispielsweise mehr (materielle) Anerkennung für bestimmte Berufsgruppen eingefordert (z. B. für Pflegekräfte) und vor Gerichten verhandelt, was in sozialen Netzwerken an Beschimpfungen ausgehalten werden muss und was strafrechtliche Relevanz hat.

Wertschätzung ist jedoch nicht nur in Gesellschaft und Politik ein relevantes Thema, auch in Organisationen leiden Menschen unter abwertenden Erlebnissen, die ihren Selbstwert bedrohen (zur Begriffsbestimmung siehe Abschnitt 1.2). Bedrohungen des Selbstwertes entstehen zum Beispiel durch destruktive Führung (Tepper, 2000, 2007) oder abwertendes Verhalten von Kollegen (Cortina, Kabat-Farr, Magley & Nelson, 2017). Führungskräfte werten Ideen ihrer Mitarbeitenden ab, Kollegen schließen andere aus Gruppen aus, Geschäftsinhaber nehmen menschenunwürdige Arbeitsbedingungen als Teil ihres Geschäftsmodells in Kauf. Erinnert sei an dieser Stelle beispielsweise an Berichterstattung zu den Arbeitsbedingungen in der fleischverarbeitenden Industrie in Deutschland.

Abwertende Ereignisse in Organisationen sind vielgestaltig. Manche Ereignisse können gravierend und klar als abwertend klassifizierbar sein (z. B. das Anschreien von Mitarbeitenden), während andere Ereignisse eher subtil wahrnehmbar sind (z. B. die fehlende Würdigung einer guten Idee). Erschreckend ist, dass die Mehrheit der Beschäftigten davon betroffen zu sein scheint (Cortina et al., 2017). Vielen Verantwortlichen sind die negativen Effekte von Abwertung für die Betroffenen und auch die gesamte Organisation womöglich gar nicht bewusst. Das Thema erfährt in Organisationen zu wenig Aufmerksamkeit.

Wie kann das Thema Wertschätzung in Organisationen mehr Aufmerksamkeit bekommen? Wie sehen Abwertung und Wertschätzung in der Praxis konkret aus? Was kann gegen Abwertung unternommen werden? Wie kann Wertschätzung in Organisationen gefördert werden? Mit diesen Fragen beschäftigen wir uns in diesem Buch. Wir wollen damit einen Beitrag für mehr Wertschätzung in Organisa-

1 Zugunsten einer besseren Lesbarkeit verwenden wir im Text nicht immer geschlechtsneutrale Formulierungen oder mehrere Geschlechterformen. Deshalb weisen wir ausdrücklich darauf hin, dass stets in gleicher Weise Personen jedweden Geschlechts gemeint sind.

tionen leisten und damit für mehr Mitarbeitergesundheit, Arbeitszufriedenheit und Leistung.

1.1 Einordnung des Gegenstandsbereichs

Beschäftigte können in Organisationen unterschiedliche Ereignisse als Abwertung oder Wertschätzung wahrnehmen. Es geht beispielsweise um einen respektvollen Umgang untereinander, um Fairness bei der Vergütung oder um die Übertragung angemessener Arbeitsaufgaben. Dies sind jedoch nur einige Beispiele aus der großen Vielzahl an Ereignissen und Rahmenbedingungen, die im Arbeitskontext auf-

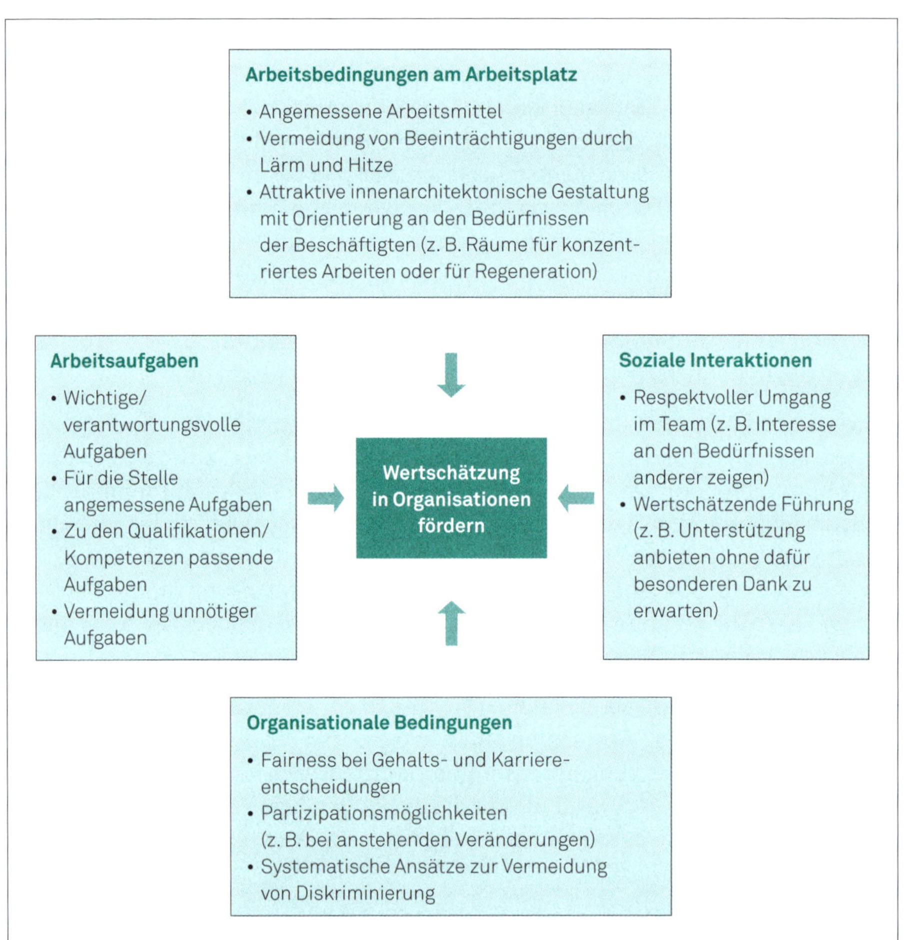

Abbildung 1: Überblick über vier grundlegende Bereiche zur Förderung von Wertschätzung in Organisationen mit Beispielen

treten und in der Regel als wertschätzend wahrgenommen werden (z. B. Brun & Dugas, 2008; Colquitt, Colon, Wesson, Porter & Ng, 2001; Ng, 2016; Semmer, Tschan, Jacobshagen, Beehr, Elfering, Kälin & Meier, 2019; Stocker, Jacobshagen, Krings, Pfister & Semmer, 2014). Abbildung 1 veranschaulicht vier grundlegende Bereiche und Ansatzpunkte, die für die Förderung von Wertschätzung in Organisationen relevant sind (siehe dazu auch die beiliegende Karte „Empfehlungen zur Förderung von Wertschätzung: Vier zentrale Handlungsfelder").

Abbildung 1 verdeutlicht zudem, dass das Thema dieses Bandes, *Wertschätzung in Organisationen fördern*, verschiedene Bereiche der Personalpsychologie betrifft. Diese Bezüge zu wichtigen personalpsychologischen Aufgabenbereichen stellen wir in Tabelle 1 her. Die Relevanz von Wertschätzung im jeweiligen personalpsychologischen Forschungsfeld und Anwendungsbereich wird durch Reviews oder Metaanalysen unterstrichen, zu denen in Tabelle 1 entsprechende Quellen angegeben sind. In Abschnitt 1.4 gehen wir auf einige Aspekte aus Tabelle 1 noch näher ein.

Tabelle 1: Die Rolle von Wertschätzung in verschiedenen personalpsychologischen Aufgabenbereichen

Personalpsychologische Aufgabenbereiche	Wertschätzungsbezüge
Betriebliches Gesundheitsmanagement	Abwertung als relevanter Stressor mit negativen Gesundheitsfolgen (Semmer et al., 2019)
Mitarbeiterbindung	Wertschätzung als Einflussfaktor auf die Mitarbeiterfluktuation (Felfe, 2020; Porter, Woo, Allen & Keith, 2019)
Führung	Führungsverhalten (insbesondere abwertendes Verhalten) als Einflussfaktor auf Arbeitszufriedenheit, Stresserleben, negatives Verhalten bei der Arbeit (z. B. unkollegiales Verhalten, Diebstahl), Leistung und auf das Privatleben der Geführten (Schyns & Schilling, 2013; Tepper, 2007)
Umgang mit Diversität	Abwertung von Minderheiten als Problem in Organisationen mit negativen Effekten für die Betroffenen selbst, aber auch für andere Mitarbeitende, die abwertendes Verhalten wahrnehmen (Cortina et al., 2017)
Organisationsentwicklung	Grundlegende Organisationsmerkmale haben Wertschätzungsbezüge, z. B. organisationale Fairness (Colquitt et al., 2001). Veränderungen in Organisationen können Abwertungspotenzial aufweisen (z. B. Wegfall von Karrieremöglichkeiten bei Umstrukturierungen, Entwertung bisheriger Aufgaben durch Digitalisierung, fehlende Partizipation bei Veränderungsprozessen).

1.2 Definitionen

In diesem Buch sind die Begriffe Selbstwert, Wertschätzung und Abwertung zentral. Rahmenbedingungen und konkrete Ereignisse bei der Arbeit können von Mitarbeitenden als abwertend, wertschätzend oder als neutral wahrgenommen werden. Beispielsweise kann ein Mitarbeiter Ereignisse in der Zusammenarbeit mit seiner Führungskraft an einem Arbeitstag als mehr oder weniger wertschätzend, mehr oder weniger abwertend oder als indifferent wahrnehmen. Und je nachdem, wie diese Ereignisse wahrgenommen werden, wird der Selbstwert der Beschäftigten nicht tangiert, gefördert oder bedroht.

Selbstwert. Das Konzept Selbstwert umfasst, wie positiv wir uns selbst sehen (Semmer et al., 2019). Es geht darum, welche positiven Eigenschaften und Erfolge wir uns zuschreiben und wie wir uns von anderen anerkannt fühlen. Der Wunsch nach Schutz und Erhöhung des Selbstwertes ist ein grundlegendes menschliches Bedürfnis. Wertschätzung fördert den Selbstwert, während Abwertung den Selbstwert bedroht.

Wertschätzung. Wir verstehen unter Wertschätzung im Arbeitskontext Ereignisse und Rahmenbedingungen, die geeignet sind, den Selbstwert von Beschäftigten zu fördern. Wertschätzung kann insbesondere in sozialen Interaktionen vermittelt werden, durch die Gestaltung von Arbeitsbedingungen, im Kontext der Übertragung von Arbeitsaufgaben oder durch die Gestaltung organisationaler Bedingungen (siehe Abbildung 1 und die beiliegende Karte „Empfehlungen zur Förderung von Wertschätzung: Vier zentrale Handlungsfelder"). Bleiben wertschätzende Ereignisse bei der Arbeit aus (z. B. eine Mitarbeiterin erfährt keine Anerkennung von ihrer Führungskraft), so erleben Beschäftigte dies mit hoher Wahrscheinlichkeit als Selbstwertbedrohung.

Abwertung. Unter Abwertung im Arbeitskontext verstehen wir zum einen das Vorenthalten von Wertschätzung und zum anderen Ereignisse sowie Rahmenbedingungen, die geeignet sind, den Selbstwert von Beschäftigten zu bedrohen. Das bedeutet, das Erleben von Abwertung resultiert nicht nur aus dem Vorenthalten von Wertschätzung, sondern auch aus weiteren, explizit abwertenden Ereignissen und Rahmenbedingungen (Apostel, Syrek & Antoni, 2018; Semmer et al., 2019). Abwertung kann unter anderem in sozialen Interaktionen vermittelt werden (z. B. eine Kundin beleidigt einen Mitarbeiter), durch die Gestaltung von Arbeitsbedingungen (z. B. unzureichende Arbeitsmittel), im Kontext der Übertragung von Arbeitsaufgaben (z. B. eine Mitarbeiterin muss unnötige Aufgaben erledigen) oder durch die Gestaltung organisationaler Bedingungen (z. B. Beförderungen erfolgen nicht anhand relevanter Kriterien, sondern aufgrund von Freundschaftsbeziehungen).

1.3 Abgrenzung zu ähnlichen Begriffen

Nachfolgend gehen wir kurz auf zwei Konzepte ein, die große Ähnlichkeiten und enge Verknüpfungen mit dem Konstrukt Selbstwert aufweisen: Selbstwirksamkeit und Optimismus. Weiterhin gehen wir auf das Konstrukt Mobbing ein, in dem Abwertung eine zentrale Rolle spielt.

Selbstwirksamkeit. Selbstwirksamkeit im Arbeitskontext meint die Selbsteinschätzung eines Mitarbeitenden, eine bestimmte Leistung erbringen zu können (Bandura, 1994): Glaubt eine Mitarbeiterin, über die notwendigen Fähigkeiten zur Erbringung einer bestimmten Leistung zu verfügen? Traut sich ein Mitarbeiter eine Aufgabe zu?

Die Konzepte Selbstwert und Selbstwirksamkeit weisen Überschneidungen auf. Es ist naheliegend, dass abwertende Ereignisse nicht nur den Selbstwert bedrohen, sondern auch die Selbstwirksamkeit negativ beeinflussen und dass umgekehrt Wertschätzung für bestimmte Leistungen die Selbstwirksamkeit fördert (Stocker et al., 2014). So fand Baron (1988) in einer experimentellen Studie negative Effekte von abwertendem Feedback auf die Selbstwirksamkeit bei Studierenden. Und Stocker, Keller, Meier, Elfering, Pfister, Jacobshagen und Semmer (2018) konnten zeigen, dass Wertschätzung durch den Vorgesetzten die negative Wirkung von Arbeitsunterbrechungen auf die Selbstwirksamkeit abfedert.

Optimismus. Optimismus wird als Ressource verstanden, die dadurch gekennzeichnet ist, dass positive Ereignisse internalen sowie stabilen Gründen und negative Ereignisse vorübergehenden, externalen sowie spezifischen Ursachen zugeschrieben werden (Rabenu & Yaniv, 2017). So könnte beispielsweise eine optimistische Mitarbeiterin ein erfolgreiches Kundengespräch auf ihr Verhandlungsgeschick zurückführen (internal und stabil) und einen Misserfolg darauf, dass der Kunde heute ausnahmsweise schlecht gelaunt war, weil er von seiner Führungskraft kritisiert worden ist (vorübergehend, external und spezifisch). Im Fokus steht somit die Frage, wie Beschäftigte Erfolge und Misserfolge interpretieren. Es ist daher naheliegend, dass Optimismus eine wichtige Ressource zur Aufrechterhaltung und Förderung des Selbstwertes ist. Mäkikangas und Kinnunen (2003) finden Belege dafür, dass Optimismus die negative Wirkung von Stressoren auf Stresserleben bei weiblichen Beschäftigten abschwächt.

Mobbing. In der Forschung werden verschiedene Formen von aggressivem Verhalten bei der Arbeit (in der Originalliteratur: workplace aggression) beschrieben. Allgemein geläufig ist der Begriff Mobbing, der ein breites Spektrum aggressiver Verhaltensweisen abdeckt (Schat & Kelloway, 2005). Unter Mobbing fällt unter anderem: „Androhung körperlicher Gewalt“, „den Arbeitskolleginnen und -kollegen wird verboten mit dem Betroffenen zu sprechen“, „man nimmt ihm/ihr jede Beschäftigung am Arbeitsplatz“ (Zuschlag, 2001, S. 7). Solche aggressiven Verhaltensweisen werden mit der Intention ausgeführt, einem anderen zu schaden, wobei dies auch physische Gewalt einschließen kann (z.B. Stoßen und Schlagen). Es geht also um feindseliges Verhalten in extremer Ausprägung, das in der Regel über einen längeren Zeitraum gezeigt wird. Dazu zählt beispielweise auch die gezielte Verbreitung von Gerüchten über eine Person. Täter verfolgen das Ziel, das Ansehen ihres Opfers zu beschädigen, psychosozialen Druck zu erzeugen bis hin zur Vertreibung des Opfers aus seiner Position. Durch solche Verhaltensweisen wird der Selbstwert der Opfer stark bedroht.

Wir gehen auf diese extremen Formen nicht im Speziellen ein. Die abwertenden Verhaltensweisen, die wir in diesem Band aufgreifen, unterscheiden sich in zweierlei Hinsicht von aggressivem Verhalten: Erstens besteht in der Regel keine Absicht, die betroffene Person (gesundheitlich) zu schädigen oder aus ihrer Position zu vertreiben und zweitens ist das Ausmaß an Abwertung geringer, es geht also um mildere Formen von abwertendem Verhalten. Klar ist, dass es Überlappungen mit einem fließenden Übergang gibt. In der Forschung werden auch mildere Formen von Abwertung (z.B. respektloses Verhalten, siehe Abschnitt 2.2) als Vorläufer von aggressivem Verhalten diskutiert (Schat & Kelloway, 2005).

1.4 Bedeutung für das Personalmanagement

Welche Bedeutung hat die Vermeidung von Abwertung und die Förderung von Wertschätzung für das Personalmanagement? Weshalb sollten sich Personalverantwortliche damit beschäftigen? In Tabelle 1 haben wir bereits einige Arbeitsbereiche des Personalmanagements aufgeführt, in denen die Förderung von Wertschätzung basierend auf metaanalytischen Ergebnissen und Forschungsreviews Relevanz hat. Tabelle 2 nimmt wichtige Ergebnisvariablen des Personalmanagements in den Fokus und stellt auch dazu ausgewählte Forschungsbefunde dar, die die Relevanz des Themas verdeutlichen.

Tabelle 2: Die Relevanz von Wertschätzung für wichtige Ergebnisvariablen

Ergebnisvariablen	Ausgewählte Forschungsbefunde
Leistung	Wikoff, Anderson und Crowell (1983) finden in einer Interventionsstudie mit Beschäftigten in der Produktion positive Effekte von Wertschätzung (Lob durch die Vorgesetzten) auf die Arbeitseffizienz der Beschäftigten.
Arbeitszufriedenheit	In verschiedenen Studien finden sich signifikante Zusammenhänge zwischen Wertschätzung und Arbeitszufriedenheit (Stocker, Jacobshagen, Semmer & Annen, 2010; van Quaquebeke & Eckloff, 2010; Yukl, Gordon & Taber, 2002). In ihrer Metaanalyse berichten Colquitt et al. (2001) mittlere bis hohe korrelative Zusammenhänge.

Tabelle 2: Fortsetzung

Ergebnisvariablen	Ausgewählte Forschungsbefunde
Fluktuation	Für die Vermeidung von Fluktuation haben Wertschätzungskomponenten (z. B. organisationale Unterstützung) eine ähnliche Relevanz wie die absolute Höhe der Vergütung oder leistungsbezogene Vergütungskomponenten (Rubenstein, Eberly, Lee & Mitchell, 2018), wobei es zur Vermeidung von Fluktuationen eine ganze Reihe weiterer wichtiger Ansatzpunkte gibt (Häfner & Truschel, 2022).
Mitarbeitergesundheit	Es finden sich Effekte von Wertschätzung auf die Schlafqualität (Greenberg, 2006), auf Wohlbefinden, krankheitsbedingte Fehlzeiten (Kuoppala, Lamminpaa, Liira & Vainio, 2008; Prümper & Becker, 2011) und ärztliche Diagnosen (Prümper & Becker, 2011).

Aus den in Tabelle 2 dargestellten Forschungsbefunden lässt sich die Schlussfolgerung ziehen, dass positive Effekte von Wertschätzung in Organisationen auf Leistung, Arbeitszufriedenheit und Mitarbeitergesundheit sowie auf die Vermeidung von Fluktuationen wahrscheinlich sind.

1.5 Betrieblicher Nutzen

Nachfolgend gehen wir auf einige Arbeiten ein, die sich mit den finanziellen Auswirkungen von Wertschätzung und Abwertung beschäftigen. Die Arbeiten zeigen, dass Abwertung und Wertschätzung betriebswirtschaftlich relevante Konsequenzen haben.

In seinem Review berichtet Tepper (2007) eine Kostenschätzung von jährlich 23,8 Milliarden Dollar für die Wirtschaft der USA aufgrund von abwertendem Führungsverhalten (z. B. Mitarbeitende anschreien, öffentlich lächerlich machen, als Sündenbock für Fehler nutzen). Die Kosten entstünden aufgrund von Fehltagen, Gesundheitskosten und Produktivitätsverlusten.

Fehltage sind betriebswirtschaftlich aus unterschiedlichen Gründen problematisch:

- Es entstehen unter anderem Kosten aufgrund von Lohnfortzahlung im Krankheitsfall, die vom Arbeitgeber getragen werden müssen. Zudem sind negative Effekte auf Umsatz und Ertrag zu erwarten. Fehlt beispielsweise eine Mitarbeiterin einer IT-Beratung krankheitsbedingt an 40 Arbeitstagen im Jahr und könnten davon 30 Arbeitstage als Beratungstage an Kunden mit einem Tagessatz von 1.500 Euro verrechnet werden, so beträgt der entgangene Umsatz allein für diese eine Mitarbeiterin 45.000 Euro.

- Muss der Ausfall von anderen Beschäftigten kompensiert werden, so kann dies zu Überstunden führen, die finanziell ausgeglichen werden müssen. Entstehen im gleichen Umfang Überstunden, so kann dies für den Arbeitgeber gewissermaßen doppelte Kosten bedeuten: die Lohnfortzahlung für den fehlenden Mitarbeiter und zusätzlich die Kompensation der fehlenden Stunden durch bezahlte Überstunden von Kolleginnen und Kollegen.
- Können die Ausfälle durch andere Mitarbeitende nur teilweise kompensiert werden, so ist ein Rückgang der Teamleistung wahrscheinlich.
- Müssen Kolleginnen und Kollegen häufig für andere mitarbeiten, so ist wahrscheinlich, dass diese Erhöhung der Arbeitsauslastung zumindest langfristig zu negativen Auswirkungen auf die Gesundheit führt und gegebenenfalls zu noch mehr Fehlzeiten.

Tepper (2007) weist darauf hin, dass darüber hinaus Kosten für *arbeitsrechtliche Auseinandersetzungen* entstehen können. So strengen möglicherweise Beschäftigte, die sich abwertend behandelt fühlen, eine juristische Auseinandersetzung an (z. B. auf der Basis von Gesetzen, die Diskriminierung verbieten). In Deutschland verbietet das Allgemeine Gleichbehandlungsgesetz (AGG) Diskriminierung aus verschiedenen Gründen, unter anderem aufgrund des Geschlechtes oder des Alters. Arbeitsrechtliche Auseinandersetzungen binden interne Kapazitäten (z. B. bei Führungskräften und in der Personalabteilung), gehen mit Anwalts- und Gerichtskosten einher und können unter Umständen das Arbeitgeberimage beschädigen.

In seinem Review verweist Tepper (2007) zudem auf drei Studien, die Effekte von abwertendem Führungsverhalten auf die *Leistung* von Mitarbeitenden aufzeigen, wobei sich Leistung hier sowohl auf die Kernaufgaben als auch auf ergänzende Leistungsaspekte bezieht (z. B. anderen Hilfe anbieten).

1.6 Weitere Ziele

Einleitend zu Kapitel 1 haben wir beschrieben, dass in der öffentlichen Diskussion immer wieder abwertendes Verhalten beklagt und nach Lösungsansätzen gesucht wird. Auf der großen politischen Bühne sei an den ehemaligen Präsidenten der USA Donald Trump erinnert, der für sein abwertendes Verhalten vielfach kritisiert wurde. Nicht wenige politische Beobachter kamen zu dem Schluss, dass sein abwertendes Verhalten die Demokratie in den USA beschädigt hat und mitverantwortlich war für gewalttätiges Verhalten seiner Anhänger. Auch in Europa und Deutschland ist abwertende Kommunikation in Politik und Gesellschaft zu beobachten.

Auf verschiedenen Ebenen und Wegen wird versucht, Abwertung in unserer Gesellschaft zurückzudrängen und gleichzeitig Wertschätzung zu fördern. Dazu zählen in Deutschland die Würdigung ehrenamtlich engagierter Bürgerinnen und Bürger durch den Bundespräsidenten und die Ministerpräsidenten der Länder oder gesetzliche Vorgaben zur Unterbindung diskriminierender Inhalte in sozialen Netzwerken. So wurde im Juni 2020 im Deutschen Bundestag ein Gesetz zur besseren Bekämpfung von Rechtsextremismus und Hasskriminalität verabschiedet, mit dem explizit das Ziel einer besseren Strafverfolgung von Straftaten im Internet verfolgt wird. Ausdrücklich wird dabei Bezug auf eine Verrohung der Kommunikation in sozialen Medien genommen (Deutscher Bundestag, 2020).

Neben politischen Initiativen ist aus unser Sicht in gleicher Weise die Frage wichtig, welchen Beitrag Unternehmen für mehr Wertschätzung in unserer Gesellschaft leisten können. Schließlich verbringen viele Menschen einen Großteil ihrer Zeit mit ihrer Arbeit. Welche Umgangsformen erleben Beschäftigte in ihrem Betrieb? Welchen Abwertungserlebnissen sind sie ausgesetzt? Wie gehen sie wiederum mit Lieferanten oder Kunden um? Unter dem Begriff *Corporate Social Responsibility* (CSR) wird unter anderem verstanden, welche Beiträge Organisationen in sozialer Hinsicht für die Gesellschaft leisten (Corsten & Roth, 2012). Die Förderung von Wertschätzung kann ein wichtiger Beitrag im Sinne von CSR sein. Von Wertschätzung geprägte Organisationen sind im besten Fall Modelle, die Impulse für ein wertschätzendes Miteinander in anderen Kontexten geben können (z. B. in sozialen Netzwerken).

2 Modelle

Wir haben für die nachfolgende Darstellung Modelle ausgewählt, die mit Blick auf den Forschungsstand als gut etabliert gelten können und zudem hohe praktische Relevanz haben. Aus allen hier dargestellten Modellen lassen sich Empfehlungen für die Praxis ableiten.

2.1 Stress-as-Offense-to-Self: SOS-Theorie

Besonders hohe Relevanz für Wertschätzung im Arbeitskontext hat die SOS-Theorie (Semmer et al., 2019; Semmer, 2020). Kern der SOS-Theorie ist die Annahme, dass Bedrohungen des Selbstwertes (z. B. durch illegitime Aufgaben, abwertende Arbeitsbedingungen oder respektlose Kommunikation) als starke Stressoren im Arbeitskontext wirken, wohingegen Ereignisse, die den Selbstwert fördern (z. B. wertschätzendes Feedback), als wichtige Ressource fungieren (Semmer et al., 2019). Wertschätzung und Abwertung sind zentrale Begriffe der SOS-Theorie. Wertschätzung (z. B. Anerkennung durch die Führungskraft) fördert den Selbstwert, während Abwertung (z. B. Ausschluss aus einer Gruppe) den Selbstwert bedroht und so als Stressor fungiert. Abbildung 2 veranschaulicht wichtige Annahmen der SOS-Theorie, die wir nachfolgend genauer erläutern.

Selbstbewertung: Stress durch wahrgenommene Unzulänglichkeit (**persönliche Komponenten** des Selbstwertes)

- **Unangemessene Leistung** + internale Attribution (z. B. ein Mitarbeiter kann den Zieltermin bei einem Projekt nicht einhalten und sieht als Ursache sein unzureichendes Zeitmanagement)
- **Verletzung moralischer Standards** durch das eigene Verhalten (z. B. eine Mitarbeiterin vertuscht einen Fehler, obwohl sie sich eigentlich ehrlich verhalten möchte)

Bewertung durch andere: Stress durch das Erleben von Abwertung (**soziale Komponenten** des Selbstwertes)

- **Soziale Interaktionen** (z. B. Mitarbeitende werden von ihrer Führungskraft öffentlich kritisiert)
- **Arbeitsgestaltung** (z. B. Mitarbeitende erhalten schlechte Arbeitsmittel)
- **Illegitime Aufgaben** (z. B. Mitarbeitende erleben Aufgaben als unnötig)
- **Illegitime Stressoren** (z. B. Mitarbeitende müssen Überstunden leisten, weil die Arbeitsprozesse schlecht organisiert sind)

Abbildung 2: Stresserleben aufgrund von Bedrohungen des Selbstwertes. Verschiedene Aspekte bei der Arbeit können den Selbstwert bedrohen (Darstellung in Anlehnung an Semmer et al., 2019, S. 213).

Selbstwert

Der Wunsch nach Schutz und Erhöhung des Selbstwertes ist ein grundlegendes menschliches Bedürfnis. Bei der Beschreibung des Selbstwertes können vier Unterscheidungen vorgenommen werden. Zunächst wird zwischen allgemeinem Selbstwert und berufsbezogenem Selbstwert differenziert. Die Beispiele in Abbildung 2 beziehen sich alle auf den beruflichen Kontext. Weiterhin wird zwischen persönlichen (Selbstbewertung) und sozialen (Bewertung durch andere) Komponenten unterschieden. Somit können Steigerungen oder Bedrohungen des Selbstwertes aus Ereignissen resultieren, die sich aus persönlichen, moralischen Standards ergeben (z. B. sich in einer Situation anders verhalten zu haben, als es dem eigenen Standard entspricht; ein selbst gesetztes Ziel nicht erreicht zu haben) oder von außen durch andere entstehen (insbesondere durch wichtige Bezugspersonen), wobei beide Aspekte sich auch überlappen können. In Abbildung 2 sind verschiedene Beispiele für mögliche persönliche und soziale Stressoren aufgeführt. Es geht also zum einen um Selbstbewertungen und zum anderen um Bewertungen durch andere, die sich auf das Erleben des eigenen Selbstwertes auswirken. Bedrohungen aus beiden Quellen können Stresserleben auslösen (Semmer et al., 2019).

• Die sozialen Komponenten des Selbstwertes

Mit Blick auf den sozialen Selbstwert spielt das Bedürfnis nach Zugehörigkeit zu und Anerkennung durch eine Gruppe eine wichtige Rolle. Verletzungen dieses Bedürfnisses wirken als Stressor und führen zu negativen emotionalen Reaktionen. Es wird angenommen, dass Mitarbeitende eine hohe Sensibilität für abwertendes Verhalten durch andere haben: Abwertende Botschaften werden leicht wahrgenommen (Semmer et al., 2019). Diese können sehr offensichtlich sein: „Da sind ja richtig viele Tippfehler drin. Das könnte meine Tochter in der zweiten Klasse schon besser …“ Oder deutlich subtiler: „Da bin ich froh, dass ich dir noch geholfen habe. So haben wir das zusammen noch in die richtige Spur gebracht …“ Im zweiten Fall kann die abwertende Botschaft mitschwingen: „Wenn ich dir nicht geholfen hätte, wäre das nichts geworden – alleine hättest du das nicht hinbekommen.“ Findet soziale Abwertung statt, so sind Emotionen wie Traurigkeit, ein Gefühl der Verletzung oder auch Wut wahrscheinlich und als Folge von Wertschätzung Emotionen wie Stolz und Zufriedenheit (Semmer et al., 2019).

• Die persönlichen Komponenten des Selbstwertes

Werden eigene moralische Standards gebrochen (z. B. einer Kollegin nicht geholfen zu haben) oder selbst gesetzte Leistungsziele (z. B. bestimmte Resultate zu erzielen) nicht erreicht, so sind Empfindungen wie Scham und Schuld wahrscheinlich, umgekehrt wird Stolz erlebt (Semmer et al., 2019).

- Die große Bedeutung der beruflichen Rolle für den Selbstwert

Die berufliche Rolle ist ein wichtiger Teil der Identität und trägt wesentlich dazu bei, wie Menschen sich selbst sehen: Wer bin ich? Was kann ich gut? Was jemand beruflich macht, hat Auswirkungen auf die gesellschaftliche Rolle, wie die Person von anderen wahrgenommen wird und ist damit eng verknüpft ein wichtiger Teil des Selbstkonzeptes (Semmer et al., 2019).

Illegitime Aufgaben

Bei Wertschätzung geht es nicht nur um soziale Interaktionen, sondern auch um Fragen der Arbeitsgestaltung, z. B. um die Übertragung von Aufgaben. Sind übertragene Aufgaben unnötig oder sind sie unpassend mit Blick auf die berufliche Rolle eines Mitarbeiters, so wird von illegitimen Aufgaben gesprochen (Semmer et al., 2019). Illegitime Aufgaben bilden einen Forschungsschwerpunkt im Kontext der SOS-Theorie.

- Mit Blick auf die berufliche Rolle unpassende Aufgaben

Berufliche Rollen sind mit typischen Aufgaben assoziiert, die den Kern der beruflichen Rolle ausmachen, und mit entsprechenden Verantwortlichkeiten einhergehen. So gibt es Aufgaben und Verantwortlichkeiten, die beispielsweise für einen Pfleger, eine Buchhalterin oder einen Verkäufer typisch sind und die berufliche Rolle definieren. Werden einem Mitarbeiter Aufgaben übertragen, die nicht zu dieser beruflichen Rolle passen, dann kann das den Selbstwert bedrohen. Das heißt nicht, dass die Aufgaben an sich abwertend sind. Bei einem anderen Mitarbeiter können sie sehr wohl zur beruflichen Rolle passen und angemessen sein. Bittet zum Beispiel eine Führungskraft eine Mitarbeiterin im Einkauf wiederholt darum, sie zu Geschäftsterminen zu fahren, dann ist es sehr wahrscheinlich, dass die Einkäuferin diese Aufgabe als unpassend mit Blick auf ihre berufliche Rolle erlebt. Wäre die Mitarbeiterin als Fahrerin angestellt, so wäre klar, dass die Beförderung einer Führungskraft zu ihren Aufgaben gehört. Es geht also um die Frage der Angemessenheit für Mitarbeitende mit ihren jeweiligen beruflichen Rollen. Dazu gehört, dass ihnen die Aufgaben von anderen, zum Beispiel von der direkten Führungskraft, übertragen werden. Suchen sich Mitarbeitende freiwillig diese Aufgaben aus, sind hingegen keine negativen Effekte zu erwarten (Semmer et al., 2019).

- Unnötige Aufgaben

Für alle Beschäftigten können als unnötig erlebte Aufgaben eine Bedrohung des Selbstwertes darstellen. Unnötige Aufgaben sind Aufgaben, die als verzichtbar eingeschätzt werden: Aufgaben, die nicht anfallen würden, wenn andere Kolleginnen und Kollegen korrekt gearbeitet hätten; wenn die Koordination der Aufgaben besser wäre oder Aufgaben, die zu Ergebnissen führen, die nicht weiter genutzt werden, wie die Erstellung eines Berichtes, der von niemandem mehr gelesen wird (Semmer et al., 2019).

Illegitime Stressoren

Neben dem Konzept illegitimer Aufgaben wurde das Konzept der illegitimen Stressoren eingeführt (Semmer et al., 2019). Bei illegitimen Stressoren geht es um Stressoren, die mit Blick auf eine bestimmte berufliche Rolle unangemessen sind. Manche Stressoren sind bei bestimmten Berufen quasi Teil der beruflichen Rolle. So ist medizinisches Personal mit Notfallsituationen konfrontiert oder Gefängnispersonal mit gewalttätigen Häftlingen. Diese Erfahrungen sind stressreich, allerdings auch ein normaler Teil der beruflichen Rolle. Sie können nicht vermieden werden. Job-spezifische Stressoren sind mit der beruflichen Identität verknüpft und werden deshalb in der Regel nicht als Bedrohung des Selbstwertes wahrgenommen. Illegitime Stressoren hingegen werden als vermeidbar angesehen. So kann beispielsweise das Ausfallen einer Maschine für die betroffenen Beschäftigten ein illegitimer Stressor sein, wenn der Ausfall auf schlechte Wartung aufgrund von angeordneten Sparmaßnahmen zurückgeführt werden kann. Ein Mitarbeiter, der beispielsweise Aufgaben von seiner Führungskraft verspätet delegiert bekommt, obwohl dies für die Führungskraft leicht früher möglich gewesen wäre, kann das als illegitimen Stressor erleben, wenn er dadurch unter Zeitdruck gerät.

Nachfolgend beschreiben wir einige Forschungsbefunde zu den Effekten von Wertschätzung und Abwertung genauer, die entweder explizit im Kontext der SOS-Theorie entstanden sind oder aus anderen Forschungskontexten Annahmen der SOS-Theorie stützen. Wir stellen Forschungsbefunde zu illegitimen Aufgaben, Arbeitsbedingungen und sozialen Interaktionen dar, die in der SOS-Theorie als zentrale Quellen von Abwertung und Wertschätzung beschrieben werden (Semmer et al., 2019).

Effekte von Wertschätzung

Das Erleben von Wertschätzung bei der Arbeit hat Effekte auf Wohlbefinden (z. B. Stocker et al., 2014), Gesundheit (z. B. Kuoppala et al., 2008) und Arbeitszufriedenheit (z. B. Yukl et al., 2002).

Erlebte Wertschätzung im Laufe eines Arbeitstages ist mit Gelassenheit am Abend, ein wichtiger Indikator für Wohlbefinden, assoziiert (Stocker et al., 2014). Wer an einem Tag mehr wertschätzende Ereignisse erlebte, empfindet am Abend mehr Gelassenheit als an Tagen mit weniger wertschätzenden Ereignissen. Gelassenheit umfasst Aspekte wie „sich entspannt fühlen" oder „sich selbstsicher fühlen" und ist eine wichtige Voraussetzung für guten Schlaf und Erholung.

Prümper und Becker (2011) berichten in ihrer Studie, dass von den Beschäftigten, die ein hohes Maß an Wertschätzung durch ihre Führungskräfte erfahren, 37 % in den letzten 12 Monaten keine krankheitsbedingten Fehlzeiten aufwiesen, während es bei den Beschäftigten, die in geringem Umfang Wertschätzung erleben, lediglich 28 % sind. Deutliche Unterschiede finden die Autoren auch bei der selbsteingeschätzten Arbeitsfähigkeit. Beschäftigte, die wahrnehmen, dass ihre Anliegen Berücksichtigung finden und die Unterstützung erfahren, erleben mehr Wohlbefinden und weisen geringere krankheitsbedingte Fehlzeiten auf (Kuoppala et al., 2008).

Beschäftigte, die sich von ihren Führungskräften wahrgenommen fühlen, erleben ein höheres Maß an Arbeitszufriedenheit (Yukl et al., 2002). Stocker et al. (2010) finden einen positiven Zusammenhang von Wertschätzung durch Führungskräfte sowie Kolleginnen und Kollegen auf die Arbeitszufriedenheit bei Soldaten der Schweizer Armee. Wertschätzung kann auch den negativen Einfluss von Überstunden auf Arbeitszufriedenheit abmildern (Semmer, Tschan, Meier, Facchin & Jacobshagen, 2010).

Auch zu den Mechanismen, die Wertschätzung mit wichtigen Variablen im Arbeitskontext verknüpfen, liegt mittlerweile Forschung vor. In einer Längsschnittstudie finden Pfister, Jacobshagen, Kälin und Semmer (2020) einen Effekt von erlebter Wertschätzung durch Kolleginnen und Kollegen sowie die Führungskräfte auf Arbeitszufriedenheit, der zum einen durch subjektiv erlebte Erfolge und zum anderen durch wahrgenommenen Unmut/Groll gegenüber der Organisation vermittelt wird. Wer also Wertschätzung erfährt, nimmt sich als erfolgreich wahr und erlebt weniger Unmut/Groll gegenüber seiner Organisation. Dies ist wiederum positiv mit Arbeitszufriedenheit assoziiert.

Effekte von Abwertung

Abwertende Erlebnisse (abwertende kommunikative Botschaften, illegitime Aufgaben, illegitime Stressoren) sind mit Stresserleben (Cortina et al., 2017) und anderen ungünstigen Effekten assoziiert, wie zum Beispiel weniger Arbeitszufriedenheit (Eatough, Meier, Igic, Elfering, Spector & Semmer, 2016; Stocker et al., 2010).

Im Kontext der SOS-Theorie wurden vor allem illegitime Aufgaben untersucht. Sie gehen unter anderem einher mit:

- dem Erleben von Unmut (Semmer, Jacobshagen, Meier, Elfering, Beehr, Kälin & Tschan, 2015; Stocker et al., 2010)
- weniger Arbeitszufriedenheit (Eatough et al., 2016)
- mehr negativen Verhaltensweisen bei der Arbeit (z. B. Diebstahl oder Aufgaben bewusst langsam erledigen) (Semmer, et al., 2010)
- weniger Selbstwertgefühl (Eatough et al., 2016; Pereira, Semmer & Elfering, 2014; Semmer et al., 2015).

Bei Aufgaben, die für die berufliche Rolle unangemessen sind, finden sich eher stärkere Effekte und konsistentere Befunde als bei unnötigen Aufgaben (Schulte-Braucks, Baethge, Dormann & Vahle-Hinz, 2019).

Schulte-Braucks et al. (2019) zeigen in einer Tagebuchstudie, dass Beschäftigte, die an einem Arbeitstag mehr unangemessene Aufgaben als üblich erleben, an solchen Tagen ein geringeres Selbstwertgefühl berichten als üblich und ebenso mehr negative Verhaltensweisen (Fehler vertuschen; Rückrufbitten ignorieren; Arbeitsschritte verzögern, die für andere wichtig sind). Den Effekt auf negative Verhaltensweisen erklären die Autoren mit einem Bedürfnis nach Ausgleich: Eine Mitarbeiterin, die unangemessene Aufgaben erhält, revanchiert sich quasi mit dem Verzögern von Arbeitsschritten etc.

Illegitime Stressoren stehen in Zusammenhang mit dem Selbstwert, mit Wohlbefinden, mit Ärger gegenüber der Organisation und dem Wunsch nach Vergeltung (Semmer, Jacobshagen, Keller & Meier, 2020).

2.2 Respekt durch Kolleginnen und Kollegen sowie Führungskräfte

Zu respektvollem Verhalten hat sich seit der Jahrtausendwende unabhängig von der SOS-Theorie ein starker Forschungsstrang entwickelt (Andersson & Pearson, 1999; de Cremer & Tyler, 2005; Ng, 2016; Schilpzand, de Pater & Erez, 2016; van Quaquebeke & Eckloff, 2010). In diesem Abschnitt geben wir einen Überblick über dieses Forschungsgebiet. Unter dem Begriff *Respekt* werden verschiedene wertschätzende Verhaltensweisen durch Kolleginnen und Kollegen sowie Führungskräfte zusammengefasst (z.B. Ng, 2016; van Quaquebeke & Eckloff, 2010). Zur SOS-Theorie ergeben sich Überschneidungen, allerdings auch Unterschiede. Vor allem wird Respekt als eigenes Konstrukt detailliert beschrieben (z.B. Ng, 2016) und untersucht, was Beschäftigte unter respektvollem Führungsverhalten verstehen (van Quaquebeke & Eckloff, 2010). Bei Forschung zu Respekt liegt der Schwerpunkt klar auf sozialen Interaktionen, während in der SOS-Theorie der Fokus stärker auf illegitimen Aufgaben und illegitimen Stressoren liegt. In Ergänzung zu Forschung im Kontext der SOS-Theorie spielt die Förderung von Respekt eine zentrale Rolle, was die Durchführung von Interventionsstudien einschließt (z. B. Leiter, Laschinger, Day & Gilin-Oore, 2011). Zudem werden weitere Forschungsfragen aufgegriffen, wie beispielsweise die Frage, was die Entstehung von respektlosem Verhalten begünstigt (Cortina et al., 2017; Schilpzand et al., 2016).

Respektvolles Verhalten ist ein Teilaspekt von Wertschätzung. Wertschätzung nutzen wir in diesem Buch als breiteren Oberbegriff. So kann die Ausstattung von Mitarbeitenden mit guten, neuen Arbeitsmitteln als ein wertschätzendes Ereignis fungieren ebenso wie ein attraktives Gesundheitsprogramm oder ein gutes Betriebsrestaurant. Solche Aspekte fallen jedoch nicht unter den Begriff Respekt, wie wir ihn hier definieren.

Forschungsarbeiten in diesem Kontext gehen von der Grundannahme aus, dass Beschäftigte von ihren Kolleginnen und Kollegen sowie den Führungskräften respektiert werden wollen (z. B. Ng, 2016). Mitarbeitende stellen sich die Frage, wie sie von ihren sozialen Interaktionspartnern bei der Arbeit bewertet werden und ob sie Anerkennung durch andere erfahren (z. B. Ng, 2016). Van Quaquebeke, Zenker und Eckloff (2009) zeigen, dass Beschäftigte weniger Respekt von anderen erfahren, als sie sich wünschen.

Wie bereits im Kontext der SOS-Theorie beschrieben, spielt die Erhaltung und Förderung des eigenen Selbstwertes eine wichtige Rolle. Von diesem grundlegenden Prinzip geht auch Forschung rund um das Konstrukt Respekt aus. Wer sich von seinem Team respektiert fühlt, entwickelt zudem ein Gefühl stärkerer Zugehörigkeit. Damit wird auch das grundlegende menschliche Bedürfnis nach Zugehörigkeit zu einer Gruppe berührt (Ng, 2016).

Was bedeutet Respekt im Arbeitskontext?

Van Quaquebeke et al. (2009) differenzieren zwei grundsätzliche Kategorien: Respekt für eine Person an sich als gleichwertiges Gegenüber und Respekt für besondere Merkmale einer Person (z. B. herausragende fachliche Expertise). Diese beiden Kategorien können weiter konkretisiert werden.

Ng (2016) operationalisiert Respekt in Anlehnung an Smith und Tyler (1997) über die folgenden Items (eigene Übersetzung):

- Meine Kollegen[2] respektieren meine Werte.
- Ich habe eine gute Reputation bei meinen Kollegen.

---

2 Ng (2016) versteht in seiner Arbeit unter *Kolleginnen und Kollegen* sowohl Teammitglieder auf gleicher Ebene als auch die direkten Führungskräfte.

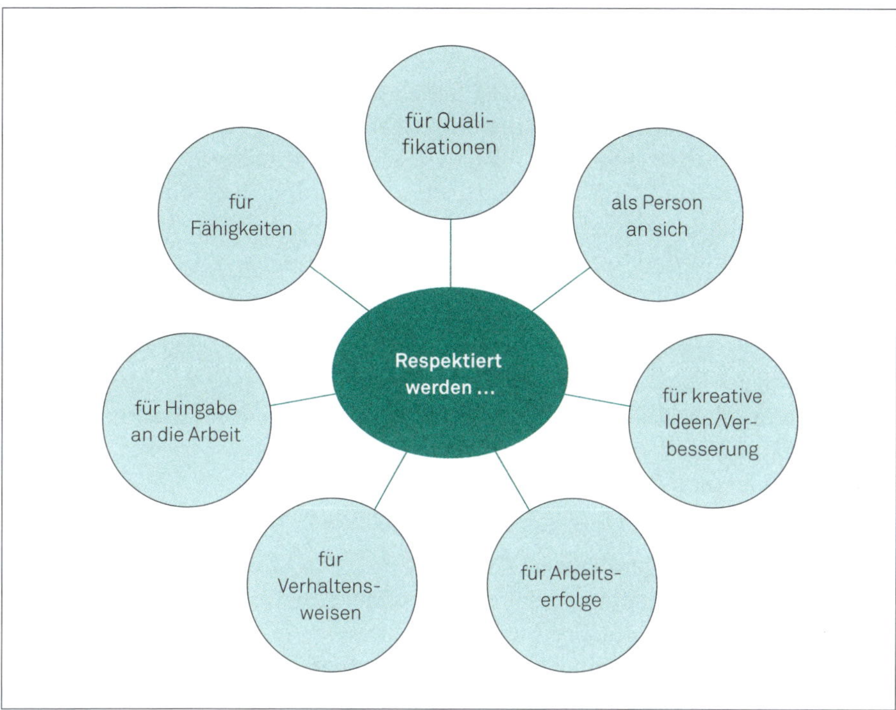

Abbildung 3: Überblick über Gründe für Respekt bei der Arbeit (basierend auf Ng, 2016 sowie Brun & Dugas, 2008)

- Meine Kollegen reagieren positiv auf mich und auf das, was ich sage und tue.
- Ich mache einen guten Eindruck auf meine Kollegen.
- Die meisten meiner Kollegen mögen mich.
- Die meisten meiner Kollegen sind beeindruckt davon, was ich bei meiner Arbeit geschafft habe.
- Die meisten meiner Kollegen respektieren mich.

Brun und Dugas (2008) ergänzen als weiteren Aspekt die Anerkennung von besonderer Hingabe an die Arbeit, im Sinne besonderer Verbundenheit und starken Engagements. Zudem verweisen sie beim Thema Leistung auch auf Anerkennung für bestimmte Fähigkeiten, für besondere Qualifikationen, für Kreativität, Innovationen und Verbesserungen, die Mitarbeitende bei der Arbeit einbringen. Abbildung 3 veranschaulicht die verschiedenen Gründe, aus denen Beschäftigte respektiert werden können.

Respektvolle Führung als wichtiger Forschungsansatz

Van Quaquebeke und Eckloff (2010) ließen in einer Studie Beschäftigte Führungssituationen beschreiben, in denen sie sich von ihrer Führungskraft respektiert fühlten. Nach verschiedenen Analyseschritten resultierten 149 Aussagen, die 19 verschiedenen Verhaltenskategorien zugeordnet werden konnten. Der nachfolgende Kasten zeigt die 19 Kategorien mit einigen der 149 konkretisierenden Aussagen, die der Originalarbeit entnommen sind.

Respektvolle Führung: Verhaltenskategorien mit Beispielen (van Quaquebeke & Eckloff, 2010; eigene Übersetzung; aus der Perspektive der Geführten beschrieben)

Meine Führungskraft schenkt mir Vertrauen
- vertraut meinen Fähigkeiten und Kompetenzen
- vertraut mir, dass ich meine Freiheiten nicht missbrauche

Meine Führungskraft gewährt mir Freiheiten
- gestattet mir, die Inhalte und Struktur meiner Arbeit so weit wie möglich meinen Wünschen entsprechend zu gestalten
- fragt mich, bevor sie mir eine zusätzliche Aufgabe überträgt

Meine Führungskraft überträgt Verantwortung
- überträgt an mich die Verantwortung für besonders herausfordernde Aufgaben
- überträgt mir zügig viel an Verantwortung

Meine Führungskraft berücksichtigt meine Bedürfnisse
- geht auf meine Wünsche so weit wie möglich ein
- ist sich meiner Interessen und Präferenzen bewusst

Meine Führungskraft zeigt Anerkennung
- lobt mich, wenn ich eine gute Leistung erbringe
- kümmert sich darum, dass meine guten Leistungen auch von höheren Führungskräften gesehen werden

Meine Führungskraft geht konstruktiv mit Fehlern um
- reitet nicht auf Fehlern der Vergangenheit herum
- kritisiert mich nicht vor anderen Personen

Meine Führungskraft begegnet mir auf Augenhöhe
- nimmt mich als gleichwertig wahr
- betont ihre höhere hierarchische Position nicht

Meine Führungskraft unterhält eine angemessene Distanz zu mir
- respektiert meine Privatsphäre
- lässt Gefühlsschwankungen nicht an mir aus

Meine Führungskraft unterstützt meine Weiterentwicklung
- berät mich und unterstützt mich aktiv in meiner Karriereentwicklung
- fördert meine Karriereentwicklung, indem sie wichtige Kontakte herstellt

Meine Führungskraft nutzt mein Potenzial
- hat ein starkes Interesse an meiner Meinung und meinen Einschätzungen
- ermuntert mich dazu, meine Fähigkeiten und Kompetenzen voll auszuschöpfen

Meine Führungskraft ist offen für meinen Rat
- akzeptiert, dass ich in bestimmten Bereichen kompetenter bin
- zeigt eine grundsätzliche Bereitschaft, etwas von mir lernen zu wollen

Meine Führungskraft nimmt Kritik an
- akzeptiert, dass ich Kritik ausspreche
- verändert ihr Verhalten bei gerechtfertigter Kritik

Meine Führungskraft verhält sich mir gegenüber loyal
- trägt meine Entscheidungen mit und verteidigt sie nötigenfalls gegenüber anderen Personen
- stärkt mir in kritischen Situationen den Rücken

Meine Führungskraft verhält sich mir gegenüber aufmerksam
- hört mir zu, wenn ich etwas sage
- interessiert sich für meine Arbeit

Meine Führungskraft verhält sich mir gegenüber vertrauenswürdig
- interagiert offen und ehrlich mit mir
- behandelt mich fair

Meine Führungskraft bemüht sich um Partizipation
- fragt mich nach meiner Meinung, bevor sie wichtige Entscheidungen trifft
- ist offen dafür, ihre Ideen zu überdenken, wenn ich gute Argumente einbringe

Meine Führungskraft zeigt Interesse an meinen persönlichen Belangen
- reagiert angemessen auf wichtige Ereignisse in meinem Privatleben (z. B. Tod eines Angehörigen, Hochzeit)
- spricht mit mir über persönliche/private Themen

Meine Führungskraft unterstützt mich
- ist erreichbar bei Fragen und Problemen
- kümmert sich um die notwendigen Arbeitsmittel und Ressourcen, damit ich gute Arbeit leisten kann

Meine Führungskraft begegnet mir freundlich
- behandelt mich höflich
- verhält sich mir gegenüber empathisch

Interesse an anderen als Voraussetzung für Respekt

Van Quaquebeke und Eckloff (2010) weisen darauf hin, dass das Erleben von Respekt zunächst voraussetzt, dass Mitarbeitende von ihren Kolleginnen und Kollegen, von Führungskräften oder anderen Personen überhaupt wahrgenommen werden:

- Erfahren Mitarbeitende Aufmerksamkeit?
- Erleben sie Interesse an ihrer Person, ihrer Arbeit etc.?
- Versucht jemand, sie zu verstehen?
- Erleben sie, dass sie von anderen Organisationsmitgliedern als wichtig und wertvoll für die Organisation wahrgenommen werden?

Hier setzt das Konzept der *respektvollen Kommunikation* an. Van Quaquebeke und Felps (2018) beschreiben das Stellen offener Fragen in Verbindung mit interessiertem Zuhören (z.B. Augenkontakt herstellen, Kopfnicken) als Kernelemente respektvoller Kommunikation. Führungskräfte, die häufig offene Fragen stellen und dann aufmerksam zu hören, signalisieren damit Interesse an der Meinung der Geführten. Sie laden die Teammitglieder dazu ein, ihre Sichtweisen zu teilen. Van Quaquebeke und Felps (2018) werten es als Zeichen der Abwertung, wenn Führungskräfte zwar offene Fragen stellen, dann aber nicht aufmerksam zu hören, sondern sich beispielsweise mit ihrem Smartphone beschäftigen oder den Antwortenden unterbrechen. Kluger und Itzchakov (2022) argumentieren, dass die beobachtbaren Facetten guten Zuhörens (z.B. das Gehörte zusammenfassen, relevante Fragen stellen) sich aus einer stimmig passenden (nicht direkt beobachtbaren) Haltung ergeben müssen, die von der Ausrichtung der Aufmerksamkeit auf den Gesprächspartner, von Verständnis und einer wohlwollenden Einstellung geprägt ist. Kluger und Itzchakov (2022) gehen davon aus, dass durch gutes Zuhören ein hohes Maß an psychologischer Sicherheit entstehen kann, die dazu führt, dass Anregungen oder Kritik nicht als Selbstwertbedrohungen aufgefasst werden, sondern als Chance zur Verbesserung. Unterschiedliche Sichtweisen und widersprüchliche Aspekte eines Sachverhaltes können besser wahrgenommen, ausgehalten und im Dialog neue Erkenntnisse gewonnen werden.

Bei respektvoller Kommunikation kann es nicht darum gehen, dass über jemanden bestimmt wird oder jemandem Sichtweisen aufgezwungen werden sollen, sondern um eine Begegnung auf Augenhöhe, in die sich die Gesprächspartner gleichwertig einbringen können (van Quaquebeke, Henrich & Eckloff, 2007). Nach van Quaquebeke und Eckloff (2010) ist Verhalten dann respektvoll, wenn es nicht der Durchsetzung eigener Interessen dient, sondern sich aus der Achtung vor anderen Menschen ergibt. Nach diesem Verständnis meint Respekt zu zeigen nicht instrumentelles Verhalten, um ein bestimmtes Ziel zu erreichen (z.B. Unterstützung bei einem Projekt zu bekommen), sondern die Anerkennung einer Person, beispielsweise aufgrund ihrer Fähigkeiten, die sie in die Organisation einbringt. Brun und Dugas (2008) argumentieren, dass aus ethischer und humanistischer Perspektive alle Mitarbeitenden als einzigartige Personen anerkannt werden und Interesse an ihren Bedürfnissen und Anliegen erfahren sollten.

Effekte von Respekt

Das Erleben von Respekt bei der Arbeit geht unter anderem mit kooperativerem Verhalten (de Cremer & Tyler, 2005), mehr Arbeitszufriedenheit (van Quaquebeke & Eckloff, 2010), weniger krankheitsbedingten Fehlzeiten (Prümper & Becker, 2011) und geringerer Fluktuationswahrscheinlichkeit einher (Ng, 2016).

In sechs experimentellen Laborstudien finden de Cremer und Tyler (2005) Effekte von Respekt auf das Erleben positiver und negativer Emotionen, den Wunsch Teil einer Gruppe sein zu wollen, auf kooperatives Verhalten in einer Gruppe und das Selbstwertgefühl.

In einer Längsschnittstudie findet Ng (2016), dass ein Anstieg des erlebten Respekts bei den Mitarbeitenden mit einer geringeren Wahrscheinlichkeit, die Organisation zu verlassen, einhergeht. Ng (2016) beschreibt dabei einen mehrstufigen Prozess, den Abbildung 4 veranschaulicht, und argumentiert, dass das Erleben von Respekt durch Kolleginnen und Kollegen sowie Führungskräfte bei neuen Mitarbeitenden den Wunsch auslöst, etwas zurückgeben zu wollen: sie empfinden Dankbarkeit gegenüber der Organisation und fühlen sich stärker mit dieser verbunden.

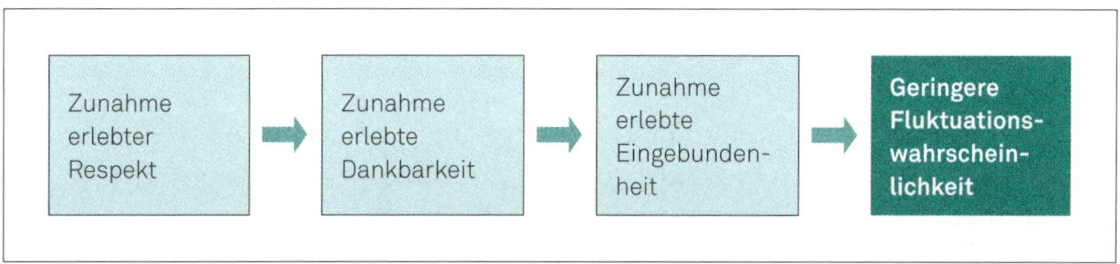

Abbildung 4: Prozessablauf nach Ng (2016, S. 601)

Prümper und Becker (2011) finden Zusammenhänge zwischen freundlicher Zuwendung und Respektierung durch die Führungskraft und der Arbeitsfähigkeit von Beschäftigten, wobei Arbeitsfähigkeit unter anderem durch folgende Dimensionen operationalisiert wurde: selbsteingeschätzte Arbeitsfähigkeit, ärztliche Diagnosen, krankheitsbedingte Fehlzeiten.

Wikoff et al. (1983) finden in einer Interventionsstudie in der Fertigung eines Unternehmens positive Effekte von Lob durch die Vorgesetzten auf die Arbeitseffizienz der Beschäftigten. Lob für Effizienzverbesserungen oder für die Aufrechterhaltung eines guten Effizienzniveaus hatten dabei positive Effekte auf die zukünftige Effizienz über rein informatives Feedback hinaus. Für einen Fertigungsbereich mit insgesamt 160 Beschäftigten berichten die Autoren Effizienzgewinne, die der Arbeitszeit von 20 Beschäftigten entsprechen.

Kluger und Itzchakov (2022) haben in einer Überblicksarbeit zahlreiche Studien zusammengestellt, die deutliche Zusammenhänge zwischen der Qualität des Zuhörens in Organisationen (z. B. durch die Führungskräfte) und wichtigen Ergebnisvariablen zeigen. Dies sind neben anderen: von Verkäufern erzielte Umsätze, die Bereitschaft sich über die eigentlichen Aufgaben hinaus einzubringen (z. B. anderen helfen), Kreativität, Arbeitszufriedenheit, Wohlbefinden. Interessanterweise scheinen von gutem Zuhören nicht nur diejenigen etwas zu haben, denen zugehört wird, sondern auch die Zuhörenden selbst (z. B. mit Blick auf Selbstwert und Selbstwirksamkeit).

Effekte einer Intervention zur Förderung von Respekt

Osatuke, Leiter, Belton, Dyrenforth und Ramsel (2013) beschreiben ein Programm zur Förderung von Respekt bei der Arbeit (Civility, Respect, and Engagement in the Workplace: CREW). Die Häufigkeit und Qualität respektvoller Interaktionen sollen durch das Programm gesteigert werden. Leiter et al. (2011) fanden für das Programm die erwarteten Effekte. So zeigt sich im Vergleich zu Kontrollteams in den trainierten Teams eine stärkere Verbesserung bei den nachfolgend aufgeführten Variablen. In den Kontrollteams finden sich keine oder deutlich schwächere Verbesserungen. Die gefundenen Verbesserungen sind beachtlich und liegen bei einzelnen Variablen bei einer halben Standardabweichung. Bei den krankheitsbedingten Fehltagen ergibt sich beispielsweise ein Rückgang um 38 %.

Effekte des Programms:

- respektvolles Klima innerhalb des Teams und der Organisation nimmt zu (z. B. „Meinungsverschiedenheiten und Konflikte werden fair geklärt.“)
- selbst erlebte Wertschätzung nimmt zu (z. B. „Ich bekomme von meinen Führungskräften den Respekt, den ich verdient habe.“)
- respektloses Verhalten durch Führungskräfte wird reduziert
- Arbeitszufriedenheit wird erhöht
- organisationales Commitment steigt an
- Vertrauen in die Führungskräfte wird gestärkt
- Symptome von Burnout werden abgeschwächt
- krankheitsbedingte Fehltage gehen zurück

Leiter, Day, Gilin-Oore und Laschinger (2012) berichten anhaltende Effekte ein Jahr nach Abschluss des Programms mit Blick auf Einstellungsvariablen (neben anderen Arbeitszufriedenheit und organisationales Commitment). Die Wahrnehmung von Respekt im Team, von respektlosem Verhalten durch Führungskräfte und das Stresserleben verbessern sich nach Abschluss des Programms weiter, während der anfängliche Effekt auf krankheitsbedingte Fehlzeiten wieder verloren geht.

Effekte von Respektlosigkeit

Umgekehrt gibt es umfangreiche Forschung, welche Folgen es haben kann, wenn Respekt im Arbeitskontext fehlt und Interaktionen in Organisationen von Unhöflichkeit, herablassendem und ausgrenzendem Verhalten geprägt sind. Es finden sich Zusammenhänge zu verschiedenen Variablen von Arbeitszufriedenheit über Stresserleben bis hin zum Erleben depressiver Symptome und allgemeiner Lebenszufriedenheit (Cortina et al., 2017; Schilpzand et al., 2016). Tabelle 3 zeigt, für welche Bereiche Effekte bestätigt werden konnten (Cortina et al., 2017).

Tabelle 3: Effekte von Respektlosigkeit auf verschiedene Variablen

Befinden und Gesundheit	Leistung	Weitere Bereiche
• mehr negative Emotionen (vor allem Wut, Angst und Traurigkeit) • weniger Optimismus • geringere Arbeitszufriedenheit • mehr Stresserleben • Gefühle von weniger Energie • mehr Erschöpfung • Gefühle von Hilflosigkeit • geringere Lebenszufriedenheit • mehr depressive Symptome	• weniger Kreativität • geringere Arbeitsmotivation • schlechtere Arbeitsergebnisse • mehr kritisches Arbeitsverhalten (z. B. Unpünktlichkeit, Vertuschen von Fehlern) • weniger Engagement über die Pflichtaufgaben hinaus	• mehr Fluktuationsabsichten und tatsächliche Fluktuation • mehr Fehlzeiten • negative Auswirkungen auf die private Partnerschaft • mehr familiäre Konflikte

Van Quaquebeke und Eckloff (2013) konnten zeigen, dass respektloses Führungsverhalten die Effektivität von Führungskräften beeinträchtigt, wobei Effektivität über Items wie „Ich vertraue dem Urteil meiner Führungskraft bei Arbeitsthemen“ oder „Bei vielen Arbeitsthemen hole ich gerne den Rat meiner Führungskraft ein“ (eigene Übersetzung) operationalisiert wurde.

In einer Studie differenzieren Dehue, Bolman, Völlink und Pouwelse (2012) verschiedene abwertende Ereignisse und setzen sie in Beziehung zu Gesundheitsvariablen. Sie berichten unter anderem einen Zusammenhang von $r = .26$ zwischen dem Gefühl, von Kolleginnen und Kollegen lächerlich gemacht zu werden und Gesundheitsbeschwerden und von $r = .32$ zwischen als ungerechtfertigt erlebter Kritik und Gesundheitsbeschwerden. Zudem finden sie signifikante Zusammenhänge zwischen abwertenden Ereignissen bei der Arbeit und Fehltagen: Mitarbeitende, die sich von Kolleginnen und Kollegen ausgeschlossen oder gar bedroht fühlen, weisen mehr Fehltage auf.

Baron (1988) fand in experimentellen Studien unter anderem negative Effekte von destruktivem Feedback (pauschal, auf Ursachen innerhalb der Person bezogen, unfreundlich, mit Drohungen verknüpft) auf das Erleben von Ärger, Anspannung, Fairness sowie Selbstwirksamkeit. In seinen Studien wurden Teilnehmergruppen gebildet, die konstruktives oder destruktives Feedback erhielten. Die Studienteilnehmer setzten sich nach destruktivem Feedback geringere Ziele für eine Arbeitsaufgabe als Personen, die konstruktives Feedback erhielten. Darüber hinaus fand Baron (1988) Hinweise auf destruktives Feedback als Ursache von Konflikten: Destruktives Feedback führte zu geringerer geäußerter Bereitschaft, mit zukünftigen Konflikten konstruktiv umgehen zu wollen. Seine Studien liefern damit experimentelle Belege für verschiedene negative Effekte abwertender Kommunikation.

In drei experimentellen Studien fanden Porath und Erez (2007) negative Effekte von Abwertung auf Leistung und Hilfsbereitschaft.

In den letzten Jahrzehnten konnten weitere wichtige Forschungserkenntnisse zum Auftreten von respektlosem Verhalten und dessen Effekten herausgearbeitet werden (Cortina et al., 2017; Schilpzand et al., 2016):

- Es geht um alltägliche Situationen: Vermeintlich kaum bedeutsame Ereignisse (z. B. subtil abwertende Kommentare) können starke Effekte haben.
- Das Machtgefälle spielt eine Rolle: Mitarbeitende mit geringem Status (wenig Macht) sind eher respektlosem Verhalten ausgesetzt.
- Es gibt stärker betroffene Gruppen: z. B. Angehörige ethnischer Minderheiten, Mitarbeitende mit Übergewicht.
- Das Umfeld ist mit betroffen: Nicht nur Opfer, sondern auch Zeugen respektlosen Verhaltens zeigen negative Auswirkungen (z. B. geringere Arbeitsleistung bei Personen im Umfeld von Opfern).
- Verschiedene Faktoren machen respektloses Verhalten wahrscheinlicher: z. B. wenn Mitarbeitende Unzufriedenheit und Erschöpfung erleben, Unfairness, ungünstige Konfliktmanagementstile oder Toleranz gegenüber unhöflichem Verhalten in einer Organisation.
- Die Rollen von „Täter“ und „Opfer“ können wechseln: Manche „Opfer“ reagieren auf respektloses Verhalten ebenfalls mit respektlosem Verhalten oder treten in anderen Interaktionen als „Täter“ auf; das Erleben von respektlosem Verhalten als „Opfer“ scheint die Wahrscheinlichkeit zu erhöhen, in anderen Situationen als „Täter“ zu fungieren. So kann sich respektloses Verhalten in einer Organisation ausbreiten. Respektloses Verhalten wird zum normalen Standard.

Ein wichtiges Fazit dieser Forschung ist: Respektloses Verhalten sollte nicht als Bagatelle entschuldigt werden (Cortina et al., 2017). Respektloses Verhalten mag in seiner Intensität deutlich schwächer sein als beispielsweise aggressives Verhalten (vgl. Abschnitt 1.3) und auch nicht als Angriff intendiert sein (Schilpzand et al., 2016), dennoch ist es mit Blick auf die Folgen sehr relevant.

2.3 Feedback Intervention Theory

Selbstwertbedrohungen spielen in der Feedback Intervention Theory[3] eine wichtige Rolle (Kluger & DeNisi, 1996). Die Autoren gehen davon aus, dass die Art, wie Feedback gegeben wird, einen Einfluss darauf hat, worauf die Person, die das Feedback bekommt, ihre Aufmerksamkeit richtet. Feedback kann unterschiedliche Hinweisreize enthalten, die die Aufmerksamkeit lenken. Wird Feedback so gegeben, dass es Selbstwertbedrohungen enthält, dann ist wahrscheinlich, dass sich die betroffene Person mit Themen beschäftigt, die sich auf ihr Selbst beziehen. Dies wiederum hat Auswirkungen auf ihr Verhalten.

Stellen wir uns beispielsweise vor, dass eine Führungskraft einem Mitarbeiter das folgende Feedback gibt: „Bei dieser Aufgabe sind deine Kolleginnen und Kollegen deutlich besser als du. Da bin ich von deiner Leistung wirklich enttäuscht." Solches Feedback kann dazu führen, dass sich der Mitarbeiter beispielsweise mit den folgenden Fragen, die Selbst-Aspekte betreffen, beschäftigt: „Wie wirkt sich das jetzt auf die Beziehung zu meiner Führungskraft aus?", „Was bedeutet dieses Feedback für meine Karriereziele?", „Was denken meine Kolleginnen und Kollegen über mich?" Kluger und DeNisi (1996) argumentieren, dass die Beschäftigung mit solchen Themen dazu führt, dass weniger kognitive Ressourcen für die Aufgabenerledigung zur Verfügung stehen und in der Folge die Leistung leidet. Dies gilt insbesondere bei anspruchsvollen Aufgaben, die viel kognitive Ressourcen benötigen. Darüber hinaus können negative Emotionen (z.B. Angst) ausgelöst werden, die beispielsweise ungünstig für die Erbringung kreativer Leistungen sind. Auch eine mögliche Steigerung des allgemeinen Erregungsniveaus (in der Originalliteratur: arousal) durch abwertendes Feedback kann sich bei anspruchsvollen Aufgaben negativ auf die Leistung auswirken. Häufiges, sehr negatives Feedback begünstigt einen Zustand erlernter Hilflosigkeit, mit extrem negativen Auswirkungen auf die Leistung. Erlernte Hilflosigkeit bedeutet in diesem Fall zu glauben, dass einem gewünschte Verbesserungen nicht gelingen. Selbstwertbedrohliches Feedback kann zudem dazu führen, dass Feedback abgelehnt wird oder Ziele abgesenkt oder gar aufgegeben werden (z.B. Vermeidung bestimmter Aufgaben oder Verlassen der Situation durch eine Kündigung). Ausgehend von der Annahme, dass Feedback die Aufmerksamkeit weg von der eigentlichen Aufgabenbearbeitung hin zu Aspekten des Selbst lenken kann, liefert die Feedback Intervention Theory mehrere Erklärungen für negative Effekte von Feedback auf Leistung[4].

---

3 Wir gehen in diesem Abschnitt auf einige ausgewählte Aspekte der Feedback Intervention Theory ein, die für unser Thema Relevanz haben.

4 Ein wichtiger Ausgangspunkt für die Entwicklung der Feedback Intervention Theory war der Befund, dass Feedback häufig die Leistung negativ beeinflusst. In ihrer Metaanalyse finden Kluger und DeNisi (1996) bei fast 40% der untersuchten Feedbackeffekte negative Wirkungen auf die Leistung, bei ca. 15% keine Effekte und bei den verbleibenden 45% positive Effekte. Dies führte die Autoren zur Frage, welche Faktoren die Wirkung von Feedback auf die Leistung beeinflussen.

Bemerkenswert erscheint uns, dass Kluger und DeNisi (1996) argumentieren, dass auch positives Feedback, das auf Belobigung abzielt, zu einer Beschäftigung mit Aspekten des Selbst führen kann, mit ungünstigen Effekten auf die Leistung, weil weniger kognitive Ressourcen für die Bearbeitung anspruchsvoller Aufgaben zur Verfügung stehen. Allerdings beschreiben die Autoren auch die entgegengesetzte Wirkrichtung, wenn positives Feedback als Signal aufgefasst wird, dass durch weitere Erfolge der Selbstwert gesteigert werden kann. In diesem Fall sollten Mitarbeitende sich eher höhere Ziele setzen und weiter gute Leistungen erbringen, um ihren Selbstwert dadurch weiter zu erhöhen. Eine höhere Leistungsmotivation sollte insbesondere dann resultieren, wenn das Feedback Vergleiche zwischen dem aktuellen und idealen Selbst anregt (Kluger & DeNisi, 1998). Die Befunde ihrer Metaanalyse stützen die Annahme, dass positives Feedback nicht per se leistungsfördernd wirkt (Kluger & DeNisi, 1996). Ergänzend verweisen die Autoren darauf, dass belobigendes Feedback, unabhängig von möglichen negativen Effekten auf die Leistung, gut nachgewiesene positive Auswirkungen hat (z.B. auf die Arbeitszufriedenheit).

Basierend auf ihren theoretischen Überlegungen und stützenden Forschungsbefunden empfehlen Kluger und DeNisi (1996), Feedback möglichst aufgabenbezogen zu geben mit konkreten Verbesserungsvorschlägen, die die Korrektur gemachter Fehler direkt unterstützen. Hinweise, die auf das Selbst abzielen (z.B. Feedback, das Vergleiche mit anderen beinhaltet), sollten unter Leistungsgesichtspunkten möglichst vermieden werden, insbesondere Selbstwertbedrohungen. Die Autoren werben dafür, Aufgaben möglichst so zu gestalten, dass die handelnden Personen ihre Leistung möglichst selbst einschätzen können und möglichst eigenverantwortlich aus der Aufgabe an sich Hinweise zu möglichen Fehlern und Verbesserungsmöglichkeiten erhalten. So mag beispielsweise ein Gärtner anhand bestimmter Kriterien selbständig beurteilen können, ob er eine Pflanze richtig gegossen hat, ohne dass eine Führungskraft ihm dazu Feedback gibt. Auch eine positive Fehlerkultur, die eigenverantwortliches Lernen aus gemachten Fehlern im Sinne von Versuch und Irrtum unterstützt, sollte aus der Perspektive der Feedback Intervention Theory für die Leistung besser sein als Feedback von außen. Weiterhin empfehlen Kluger und DeNisi (1998), Feedback immer mit Zielsetzung in der Weise zu kombinieren, dass zunächst aufgabenbezogene Ziele vereinbart werden und dann passendes Feedback auf dem Weg zur Zielerreichung gegeben wird. Die Fokussierung auf aufgabenbezogene Ziele soll dazu beitragen, dass das Feedback die Aufmerksamkeit nicht oder weniger auf Aspekte des Selbst lenkt.

2.4 Fairness im Arbeitskontext

Fairness spielt für Wertschätzung eine wichtige Rolle, auch wenn dies auf den ersten Blick nicht so offensichtlich ist. Die Bedeutung von Fairness für das Erleben von Wertschätzung in Unternehmen wird beispielsweise bei Brun und Dugas (2008) diskutiert. Fairness in Organisationen ist seit Jahrzehnten ein wichtiger Gegenstand psychologischer Forschung (z.B. Colquitt et al., 2001; Nowakowski & Conlon, 2005), die vor allem durch drei Fairnesstheorien stark geprägt wird:

- organisationale Fairness mit den vier Facetten distributive, prozedurale, interaktional-interpersonelle sowie interaktional-informationelle Fairness
- die Equity-Theorie, die die Grundlage für das Konzept der distributiven Fairness bildet
- das Effort-Reward-Imbalance-Modell

Organisationale Fairness

Abbildung 5 veranschaulicht die insgesamt vier Facetten organisationaler Fairness, wobei bei interaktionaler Fairness zwei Subfacetten, interpersonelle und informationelle Fairness, unterschieden werden.

Organisationale Fairness

Distributive Fairness

- Die erlebte Verteilungsgerechtigkeit innerhalb einer Organisation mit Blick auf materielle und immaterielle Ressourcen
- Als wie fair werden beispielsweise Gehaltsunterschiede von den Beschäftigten wahrgenommen oder der Zugang zu Incentives, Arbeitsmitteln oder Weiterbildungsmöglichkeiten?

Prozedurale Fairness

- Die erlebte Fairness von Entscheidungsprozessen, die zur Verteilung von materiellen und immateriellen Ressourcen führen
- Werden beispielsweise Karriereentscheidungen auf der Basis relevanter Kriterien getroffen? Besteht die Möglichkeit, sich bei gefühlter Unfairness zu beschweren?

Interaktionale Fairness: informationell

- Die Qualität der Begründung von Entscheidungen
- Wie gut wird beispielsweise begründet, weshalb ein Weiterbildungswunsch nicht unterstützt wird?

Interaktionale Fairness: interpersonell

- Die Qualität des Umgangs miteinander
- Gibt die Führungskraft beispielsweise Feedback in einer wertschätzenden Art und Weise?

Abbildung 5: Die vier Facetten organisationaler Fairness

Bei *distributiver Fairness* geht es um Verteilungsgerechtigkeit: Als wie fair erleben die Organisationsmitglieder die Verteilung materieller (z. B. Gehalt, Firmenfahrzeug) und immaterieller Ressourcen (z. B. Titel, öffentliche Anerkennung) in ihrer Organisation? Bei *prozeduraler Fairness* steht die Frage im Fokus, wie fair die Verteilungsprozesse in einer Organisation gestaltet sind: Werden die Entscheidungsprozesse zur Verteilung von Ressourcen als fair wahrgenommen? Werden beispielsweise Karriereentscheidungen oder Leistungsbeurteilungen anhand nachvollziehbarer, relevanter Kriterien vorgenommen? Unter *interaktionale Fairness* werden zwei Aspekte subsummiert: die Art des Umgangs miteinander und wie gut Entscheidungen begründet werden (z. B. Colquitt et al., 2001; Nowakowski & Conlon, 2005). Hierfür werden die Begriffe *interpersonelle* und *informationelle Fairness* genutzt (z. B. Colquitt et al., 2001).

Für die Bewertung, wie fair es in einer Organisation zugeht, werden in diesem Forschungsstrang in der Regel keine normativen Bezugssysteme herangezogen, sondern die Mitarbeitenden dazu befragt, als wie fair sie ihre Organisation im Allgemeinen erleben oder bezogen auf spezifische Aspekte, z. B. Fairnesserleben mit Blick auf die Leistungsbeurteilung (Colquitt et al., 2001). Nachfolgend gehen wir auf alle genannten Fairnesskonzepte genauer ein.

Equity-Theorie: distributive Fairness

Für das Erleben distributiver Fairness wird angenommen, dass Mitarbeitende sich überlegen, was sie in die Organisation einbringen (z. B. bestimmte Kompetenzen, Erfahrungen, Qualifikationen und konkrete Leistungen) und dies in Beziehung setzen zu dem, was sie von der Organisation bekommen (z. B. positive Leistungsbeurteilungen, Gehalt, Beförderungen, sozialer Status). Dieses Verhältnis wird verglichen mit dem, was andere einbringen und dafür erhalten. Daraus entsteht eine subjektive Bewertung der Fairness dieser Austauschprozesse. Diesen Bewertungsprozess beschrieb Adams (1965) in seiner *Equity-Theorie* und legte damit die Grundlage für Forschung zu distributiver Fairness, die unmittelbar auf seinen Überlegungen aufbaut (Nowakowski & Conlon, 2005). Das Erleben distributiver Fairness ergibt sich aus den beschriebenen Bewertungsprozessen im Sinne der Equity-Theorie (Adams, 1965; Colquitt et al., 2001).

Stützende Befunde für die Relevanz der wahrgenommenen Fairness mit Blick auf die Vergütung fanden beispielsweise Kovner, Brewer, Wu, Cheng und Suzuki (2006). In ihrer Studie hing die Arbeitszufriedenheit nicht von der absoluten Höhe des Gehalts ab, sondern von der wahrgenommenen Fairness der Vergütung.

Effort-Reward-Imbalance-Modell

Beim Effort-Reward-Imbalance-Modell (Siegrist & Wahrendorf, 2016; Siegrist, Starke, Chandola, Godin, Marmot, Niedhammer & Peter, 2004) steht ebenfalls

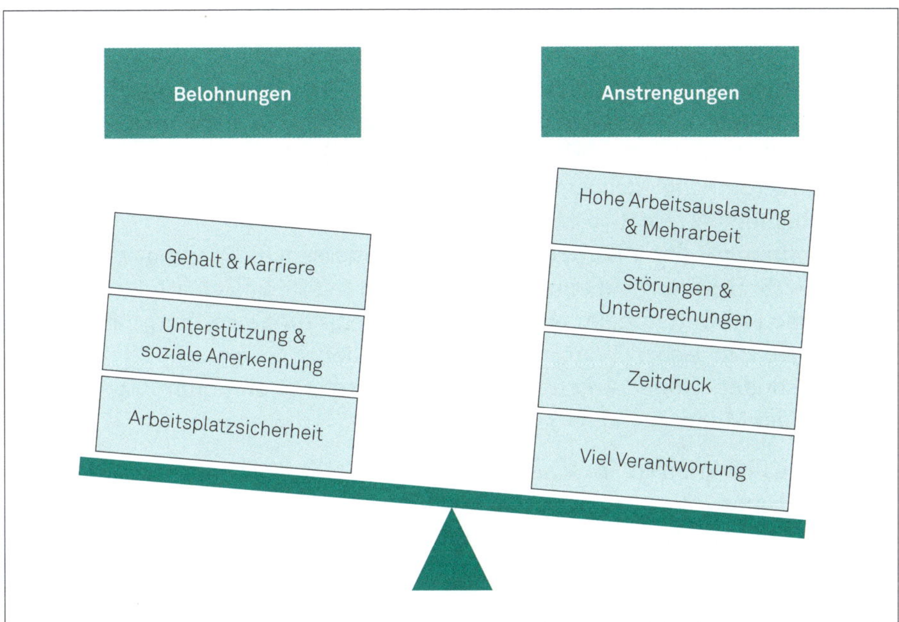

Abbildung 6: Beispiele für Belohnungen und Anstrengungen im Effort-Reward-Imbalance-Modell (Siegrist et al., 2004)

ein fairer Austausch zwischen den Beschäftigten und dem Arbeitgeber im Fokus: Als wie ausgewogen erleben Mitarbeitende das Verhältnis aus den Anstrengungen, die die Arbeit abverlangt und der Belohnung? Erscheint das Verhältnis aus Anstrengungen und Belohnungen angemessen? Der Vergleich mit anderen spielt im Effort-Reward-Imbalance-Modell im Unterschied zur Equity-Theorie keine Rolle. Abbildung 6 veranschaulicht das Zusammenwirken von Belohnungen und Anstrengungen. Es handelt sich um ein dynamisches Modell: Veränderungen aufseiten der Belohnungen oder der erlebten Anstrengungen können über die Zeit hinweg dazu führen, dass die Waage aus dem Gleichgewicht gerät (Siegrist et al., 2004).

Das Effort-Reward-Imbalance-Modell basiert auf dem grundlegenden sozialen *Reziprozitätsprinzip* (Siegrist, 2016): Wenn Person A einer Person B etwas gibt, was B Nutzen stiftet, führt dies zur Erwartung bei Person A, dass Person B die Transaktion in die andere Richtung erwidert, also etwas für Person A tut, was für diese einen Nutzen hat. Das Ausgetauschte sollte dabei von beiden als quasi gleichwertig, also als fair wahrgenommen werden. Ist das nicht der Fall, wird das Reziprozitätsprinzip verletzt.

Ein Missverhältnis aus Anstrengungen und Belohnungen wird als Abwertung wahrgenommen und führt zu Enttäuschungen und dem Eindruck unfair behandelt zu werden. Unmittelbar damit verknüpft resultiert Stresserleben (Siegrist et al., 2004).

• Risiken für das Auftreten von Imbalance

Ein besonderer Fokus von Forschung zum Effort-Reward-Imbalance-Modell ist die Beschreibung und Untersuchung von Bedingungen, unter denen das Reziprozitätsprinzip Gefahr läuft, verletzt zu werden (Siegrist, 2016):

- bei starker Abhängigkeit von Mitarbeitenden gegenüber der Organisation (z. B. bei fehlenden Alternativen am Arbeitsmarkt)
- bei Hoffnungen der Mitarbeitenden auf angemessene Belohnungen in der Zukunft (z. B. Hoffnung auf einen Karriereschritt mit mehr Gehalt)
- bei hohen Anforderungen innerhalb der Organisation (z. B. aufgrund starker Konkurrenz zwischen Teams und Mitarbeitenden)
- bei besonders hoher Anstrengungsbereitschaft (Über-Commitment, siehe unten) der Mitarbeitenden

Bei Überqualifikation von Beschäftigten für eine Stelle ist ebenfalls Imbalance zu erwarten (Harari, Manapragada & Viswesvaran, 2017). Es kann ein Missverhältnis aus eingebrachter Qualifikation und der erhaltenen materiellen und immateriellen Anerkennung (z. B. Karriereaufstieg) entstehen. In ihrer Metaanalyse berichten Harari et al. (2017) negative Zusammenhänge zwischen selbst wahrgenommener Überqualifikation und Arbeitszufriedenheit, organisationalem Commitment, Fluktuationsabsichten, Suchverhalten nach einer neuen Stelle und psychischem Wohlbefinden[5]. Der wichtigste Prädiktor von selbst wahrgenommener Überqualifikation ist die tatsächliche Überqualifikation.

Nehmen Mitarbeitende eine Imbalance zu ihren Ungunsten wahr (fühlen sich also unfair behandelt), dann induziert dies Stresserleben mit potenziell negativen Auswirkungen auf Wohlbefinden und Gesundheit. Wer Imbalance erlebt, kann in sogenannte *Gratifikationskrisen* geraten.

• Der Faktor „Über-Commitment“

Bei der dritten Komponente des Modells „Über-Commitment“ (in Abbildung 6 nicht dargestellt) geht es um Selbstausbeutungstendenzen bei Mitarbeitenden. Beschäftigte unterscheiden sich darin, wie stark sie mit ihrer Arbeit verbunden sind und wie wichtig ihnen Anerkennung bei der Arbeit ist. Mit Über-Commitment wird ein sehr hohes Maß an Verbundenheit mit der Arbeit und ein sehr stark ausgeprägtes Bedürfnis nach Anerkennung bei der Arbeit beschrieben. Konkret wird zur Messung von Über-Commitment erfasst, ob Mitarbeitende sich auch außerhalb ihrer Arbeitszeit gedanklich intensiv mit ihren Arbeitsaufgaben beschäftigen, schlecht von ihrer Arbeit abschalten können und von nahestehenden Per-

---

5 Auch wenn unklar ist, ob diese Effekte (teilweise) über Bedrohungen des Selbstwertes vermittelt werden, so ist dies aus unserer Sicht mit Blick auf die SOS-Theorie wahrscheinlich (vgl. Abschnitt 2.1).

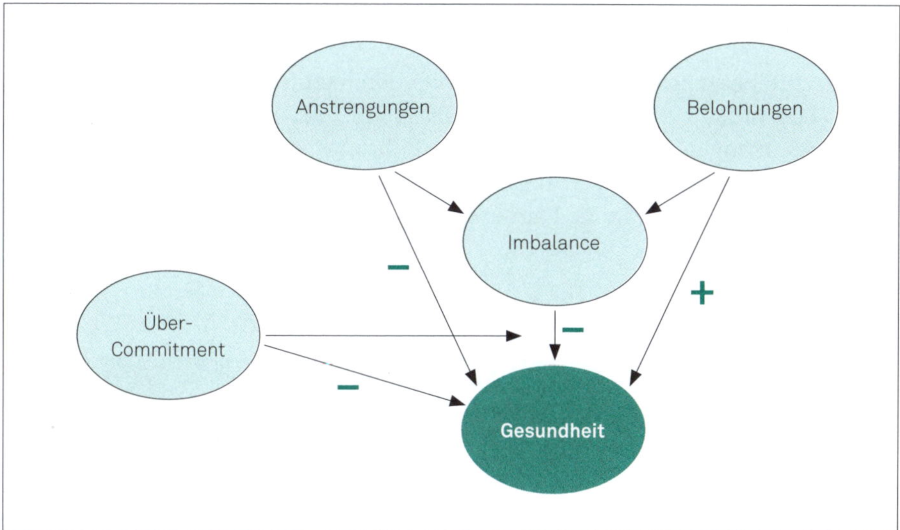

Abbildung 7: Angenommene Zusammenhänge im Effort-Reward-Imbalance-Modell (nach Montano et al., 2016, S. 26)

sonen das Feedback bekommen, dass sie sich zu sehr für ihre Arbeit aufopfern. Somit geht es bei Über-Commitment im Kern um die Frage, ob sich jemand nur sehr schwer von seinen Arbeitsaufgaben und Verpflichtungen gedanklich und emotional lösen kann (Siegrist et al., 2004).

Eine Kombination aus hoher Anstrengung und geringer Belohnung bei gleichzeitig stark ausgeprägtem Über-Commitment ist für die Gesundheit besonders ungünstig (Montano, Li & Siegrist, 2016), wobei auch die einzelnen Komponenten jeweils direkt auf die Gesundheit wirken. Abbildung 7 veranschaulicht die angenommenen Zusammenhänge.

Verteilungsfragen als Wertschätzungsthema

Die Frage nach einer Balance aus Beiträgen und Belohnungen ebenso wie die Frage distributiver Fairness unter Berücksichtigung anderer Organisationsmitglieder können als Wertschätzungsfragen aufgefasst werden: Welche immaterielle und materielle Wertschätzung erfährt ein Mitarbeiter (auch im Vergleich zu anderen) für das, was er in die Organisation einbringt (und was andere einbringen)? Es ist wahrscheinlich, dass ein Mitarbeiter, der sich beispielsweise (auch im Vergleich zu anderen) mit Blick auf seine Beiträge unterbezahlt und in seiner Karriereentwicklung nicht hinreichend gefördert fühlt, dies als mangelnde Wertschätzung und damit als Selbstwertbedrohung erlebt. Die Bedrohung des Selbstwertes wird im Effort-Reward-Imbalance-Modell explizit als Folge von Imbalance beschrieben (Siegrist, 2016).

Prozedurale Fairness

Zur Beschreibung prozeduraler Fairness werden häufig sechs Kriterien herangezogen (Leventhal, 1980; Leventhal, Karuza & Fry, 1980), die wir am Beispiel von Stellenbesetzungen (z. B. Auswahl für eine Führungsposition) in Tabelle 4 veranschaulichen möchten. Weitere Beispiele aus anderen Bereichen sind auf der beiliegenden Karte „Prozedurale Fairness fördern“ zu finden.

Tabelle 4: Prozedurale Fairness am Beispiel von Stellenbesetzungen

Kriterien prozeduraler Fairness	Beispiel
Mitarbeitende im Entscheidungsprozess gleich behandeln	Läuft der Auswahlprozess für alle Bewerberinnen und Bewerber immer in gleicher Weise ab? Ungünstig wäre beispielsweise, wenn ein Teil an einem Auswahlgespräch teilnimmt und ein anderer Teil an einem Assessment Center.
Andere, irrelevante Einflüsse vermeiden	Ist der Auswahlprozess unabhängig von Einflussfaktoren, die nichts mit den relevanten Eignungskriterien zu tun haben? Ungünstig wäre beispielsweise, wenn eine hochrangige Führungskraft, die an sich nichts mit dem Auswahlprozess zu tun hat, aus privaten Gründen Einfluss auf die Auswahlentscheidung nehmen würde, um beispielsweise einem Familienmitglied oder Freund zur offenen Stelle zu verhelfen.
Entscheidungen auf der Basis korrekter Informationen treffen	Werden die Auswahlentscheidungen auf der Basis relevanter und richtiger Informationen getroffen? Ungünstig wäre beispielsweise, wenn für die Position wichtige Kompetenzen im Auswahlprozess keine Beachtung fänden oder die Kompetenzen auf Basis ungeeigneter eignungsdiagnostischer Instrumente beurteilt werden würden, beispielsweise Sorgfalt auf Basis der Handschrift.
Korrigierbarkeit der Entscheidung	Sind Mechanismen eingebaut, um fehlerhafte Entscheidungen zu korrigieren? Dies kann beispielsweise bedeuten, dass es Einspruchsmöglichkeiten für unterlegene Kandidaten gibt, die zu einer Überprüfung der Entscheidung führen.
Ethische und moralische Standards einhalten	Werden im Prozess ethische und moralische Standards beachtet? Das kann beispielsweise bedeuten, dass Maßnahmen im Auswahlprozess ergriffen werden, um Diskriminierung von Frauen im Auswahlprozess zu vermeiden.
Einbindung aller Betroffenen	Werden im Auswahlprozess die Interessen aller von der Entscheidung betroffenen Personen berücksichtigt? Das könnte beispielsweise bedeuten, dass den zu führenden Mitarbeitenden eine Mitwirkungsmöglichkeit im Entscheidungsprozess eingeräumt wird, zum Beispiel bei der Erstellung des Anforderungsprofils.

Im Fokus steht bei prozeduraler Fairness vor allem die Frage, wie viel an Partizipationsmöglichkeiten die betroffenen Personen im Entscheidungsprozess haben. Die Bedeutung von Partizipation (z.B. die eigene Sichtweise in Entscheidungsprozessen ausführlich darlegen zu dürfen) für das Erleben von Fairness betonen bereits Thibaut und Walker (1975), die das Konzept der prozeduralen Fairness wesentlich geprägt haben.

Neben den bereits genannten Stellenbesetzungen gibt es im Arbeitskontext noch eine Reihe von weiteren Entscheidungsprozessen, bei denen prozedurale Fairness sehr relevant ist:

- Beförderungsentscheidungen
- Leistungsbeurteilungen
- Gehaltserhöhungen und Prämien
- finanzielle und zeitliche Unterstützung von Lernmöglichkeiten (z.B. Weiterbildungen)
- Ausstattung mit Arbeitsmitteln (z.B. Smartphone, Notebook)
- Gestaltung der Arbeitsbedingungen (z.B. Möglichkeiten zu mobilem Arbeiten, flexible Arbeitszeiten)
- Genehmigung von bezahlter/unbezahlter Freistellung
- Ermahnungen, Abmahnungen und Kündigungen durch den Arbeitgeber

Fehlende prozedurale Fairness als Wertschätzungsproblem

Fehlende prozedurale Fairness kann aus unserer Sicht als Wertschätzungsproblem betrachtet werden. Verletzungen der sechs in Tabelle 4 beschriebenen Kriterien können Mitarbeitende als abwertendes Verhalten wahrnehmen. Werden zum Beispiel die Interessen von beteiligten Personen nicht berücksichtigt, so können die betroffenen Personen das als Abwertung erleben. Hängen beispielsweise Leistungsbeurteilungen vor allem vom Grad der Freundschaftsbeziehung zur Führungskraft ab, dann werden dies entferntere Teammitglieder mit hoher Wahrscheinlichkeit als mangelnde Wertschätzung ihrer Leistung erleben. In diesem Sinne begreifen wir Situationen fehlender prozeduraler Fairness als Abwertungsereignisse.

Interaktionale Fairness

Interaktionale Fairness besteht aus zwei Komponenten: Zum einen geht es um einen respektvollen Umgang miteinander, als *interpersonelle Fairness* bezeichnet, und zum anderen geht es um nachvollziehbare Begründungen, als *informationelle Fairness* bezeichnet (Bies & Moag, 1986; Colquitt et al., 2001; Greenberg, 1990, 1993; vgl. Abbildung 5 auf S. 27). Wie respektvoll kommuniziert beispielsweise eine Führungskraft, die einer Mitarbeiterin die Entscheidung mitteilt, dass eine

Weiterbildung nicht genehmigt wird und wie nachvollziehbar wird diese Entscheidung begründet?

Bei interaktionaler Fairness ist der Bezug zu Wertschätzung besonders deutlich, da es ganz explizit um einen respektvollen Umgang miteinander geht, den wir in Abschnitt 2.2 als wichtige Facette von Wertschätzung im Arbeitskontext beschrieben haben. Auch bei der zweiten Komponente lässt sich ein Bezug zu Wertschätzung herstellen. Es kann angenommen werden, dass Beschäftigte es als wertschätzend erleben, wenn Führungskräfte Entscheidungen nachvollziehbar begründen und nicht einfach kommentarlos verkünden. Somit ist anzunehmen, dass Wertschätzung in Organisationen über verschiedene Facetten organisationaler Fairness gefördert werden kann.

Fairness bei Leistungsbeurteilungen

Leistungsbeurteilungen haben in Organisationen in der Regel eine hohe Relevanz. Dabei spielt Fairness eine wichtige Rolle. Schwarz und Genkova (2009) verglichen die Relevanz verschiedener Einflussfaktoren (z. B. Praktikabilität des Verfahrens, Kompetenz des Vorgesetzten, Fairness) auf die Akzeptanz des Leistungsbeurteilungssystems und berichten einen Zusammenhang von $r = .48$ zwischen der erlebten Fairness und der Akzeptanz (beides aus Sicht der beurteilten Mitarbeitenden). Die erlebte Fairness war damit der wichtigste Einflussfaktor auf die Akzeptanz. Zum gleichen Ergebnis kommen sie für eine Stichprobe aus Beurteilern (Führungskräfte). Deshalb gehen wir nachfolgend auf wichtige Forschungsergebnisse zu Fairness bei Leistungsbeurteilungen ein. In Abschnitt 4.1.4 geben wir praktische Handlungsempfehlungen dazu.

- Für Leistungsbeurteilungen sollten verschiedene Leistungsfacetten berücksichtigt werden

In Forschungsarbeiten zu fairer Leistungsbeurteilung konnte gezeigt werden, dass Mitarbeitende es als fair wahrnehmen, wenn neben der Leistung in Kernaufgaben auch andere Leistungsaspekte Berücksichtigung finden. Hierzu zählen beispielsweise Leistungsaspekte wie anderen Hilfe anzubieten oder gute Ideen einzubringen, die über den eigenen Aufgabenbereich hinausgehen (Johnson, Holladay & Quinones, 2009). Solche Leistungsaspekte werden als *Organizational Citizenship Behavior* (OCB) bezeichnet. Als besonders fair wird es erlebt, wenn bei der Leistungsbeurteilung die Leistung in den Kernaufgaben mit 70 % gewichtet wird und OCB mit 30 % (Johnson et al., 2009). Fairness wurde dabei über Items wie „Das Leistungsranking spiegelt die Beiträge wider, die die Beschäftigten in die Organisation eingebracht haben.“ erfasst. In der Praxis muss folglich gut geklärt werden, was alles unter Leistung verstanden werden soll:

- Was wird von Mitarbeitenden mit Blick auf Kernaufgaben erwartet?
- Welche weiteren Aspekte sollten im Sinne von OCB berücksichtigt werden?

• Leistungsbeurteilungen sollten partizipativ gestaltet werden

In ihrer Metaanalyse haben Cawley, Keeping und Levy (1998) die Relevanz von Partizipation für die wahrgenommene Fairness von Leistungsbeurteilungen herausgearbeitet. Sie berichten den beachtlichen Zusammenhang von r=.39 zwischen Partizipation und Fairness. Fairness wurde in den für die Metaanalyse genutzten Studien über Fragen wie „Als wie fair haben Sie Ihre letzte Leistungsbeurteilung erlebt?“ operationalisiert. Partizipationsmöglichkeiten im Prozess der Leistungsbeurteilung gehen mit weiteren positiven Effekten einher. So ist Partizipation auch mit den folgenden Variablen assoziiert: der wahrgenommenen Nützlichkeit der Leistungsbeurteilung aus Sicht der Beurteilten, der Motivation der Beurteilten, sich verbessern zu wollen sowie der Zufriedenheit mit dem System der Leistungsbeurteilung und dem Leistungsbeurteilungsgespräch.

Mit Blick auf verschiedene Studien beschreiben die Autoren die folgenden Partizipationsoptionen (Cawley et al., 1998):

- Mitwirkungsmöglichkeiten der Beschäftigten bei der Entwicklung und Einführung von Leistungsbeurteilungssystemen
- einen hohen Gesprächsanteil der Mitarbeitenden im Leistungsbeurteilungsgespräch
- gemeinsame Zielvereinbarungen als Komponente des Leistungsbeurteilungsprozesses, die nicht allein von den Führungskräften vorgegeben werden
- die Möglichkeit für die Beurteilten, ihre Sichtweise einzubringen (z.B. Informationen, die dem Betroffenen für die Beurteilung relevant erscheinen) bis hin zur Möglichkeit der Selbstbewertung, beispielsweise im Vorfeld der Beurteilung durch die Führungskraft
- die generellen Einflussmöglichkeiten der Beschäftigten auf das Ergebnis der Leistungsbeurteilung
- die gemeinsame Arbeit zwischen Mitarbeitenden und Führungskraft an Verbesserungen (z.B. durch weitere Feedbackgespräche) im Anschluss an eine Leistungsbeurteilung

• Vergleiche mit früherer Leistung anstellen

In Leistungsbeurteilungen kann der Fokus auf den Vergleich mit anderen gelegt werden oder auf den Vergleich mit bisherigen Leistungen des zu Beurteilenden. Im ersten Fall steht die Frage im Vordergrund, ob jemand bessere oder schlechtere Leistung erbringt als seine Kolleginnen und Kollegen. Im zweiten Fall werden Verbesserungen oder Verschlechterungen über die Zeit hinweg beurteilt und rückgemeldet. Chun, Brockner und De Cremer (2018) konnten zeigen, dass Beschäftigte es als fairer wahrnehmen, wenn sie in Relation zu ihrer bisherigen Leistung bewertet werden und nicht in Relation zur Leistung von anderen. Chun et al. (2018) argumentieren, dass Beschäftigten bei Vergleichen mit bisheriger Leistung vermittelt werde, dass es um sie ganz persönlich geht, um ihre individuelle Leistungsentwicklung unter Berücksichtigung umfassender und vor allem relevanter Informationen. Dies fördere die Wahrnehmung von interaktionaler und prozeduraler Fairness. Die berichteten Studienergebnisse stützen diese Überlegungen.

- Sich als Führungskraft um eine positive Beziehung zu den Geführten bemühen

In einer Metaanalyse zeigt Pichler (2012), dass die Beziehungsqualität zwischen Führungskraft und Mitarbeitenden eine sehr wichtige Rolle für eine positive Wahrnehmung der Leistungsbeurteilung durch die Mitarbeitenden spielt. Die Beziehungsqualität erweist sich in der Metaanalyse zudem als relevanter im Vergleich zur Bedeutung von Partizipation oder der erlebten Vorteilhaftigkeit des Ergebnisses der Leistungsbeurteilung. Somit kommt der Gestaltung einer stabilen, vertrauensvollen und respektvollen Beziehung bei Leistungsbeurteilungen eine besondere Bedeutung zu[6].

Hoch relevant für die Fairnessperspektive ist zudem die Überlegung, dass Leistungsbeurteilungen eine starke Bedrohung für den Selbstwert darstellen können: „Bei der Konzipierung des Gesprächs und der Schulung der Beurteiler ist der herausragenden Bedeutung der Leistungsbeurteilung für das Selbstwertgefühl der Beurteilten Rechnung zu tragen." (Lohaus & Schuler, 2014, S. 396/398).

Effekte von Fairness

In zahlreichen Studien wurden mittlere bis hohe Zusammenhänge zwischen Fairness in Organisationen und anderen wichtigen Variablen im Arbeitskontext gefunden, zum Beispiel zu Arbeitszufriedenheit (Colquitt et al., 2001), Fluktuation (Greenberg, 1990) oder Mitarbeitergesundheit (Greenberg, 2006).

6 Für die Einschätzung der Leistungsbeurteilung aus Mitarbeitersicht wurden verschiedene Konzepte zu einer Variablen zusammengefasst. Neben Fairness umfasst die Variable mehr oder weniger verwandte Konzepte: z.B. Wahrnehmung der Leistungsbeurteilung als korrekt, Zufriedenheit mit der Leistungsbeurteilung, Nützlichkeit der Leistungsbeurteilung, Motivation sich auf Basis der Leistungsbeurteilung verbessern zu wollen. Die Kombination dieser verschiedenen Aspekte schränkt allerdings die Aussagekraft der Metaanalyse mit Blick auf die konkrete Bedeutung der Beziehungsqualität auf das Erleben von Fairness ein.

Greenberg (2006) konnte in einer Studie positive Effekte interaktionaler Fairness von Führungskräften auf die Schlafqualität der Mitarbeitenden zeigen.

Für verschiedene Facetten von Fairness berichten Colquitt et al. (2001) in ihrer Metaanalyse Zusammenhänge mit zahlreichen Ergebnisvariablen. Wir haben einige Ergebnisse für Tabelle 5 ausgewählt. Sie verdeutlichen, dass sich je nach Fairnessaspekt und Ergebnisvariable unterschiedlich hohe Zusammenhänge ergeben. Die Zusammenhänge zwischen Fairnessaspekten und Leistung fallen, mit Ausnahme der prozeduralen Fairness, eher gering aus. Das Erleben von Fairness und Vertrauen in die Führungskräfte scheint eng miteinander verknüpft zu sein. Für die Ausprägung von Arbeitszufriedenheit und Commitment erweist sich vor allem distributive Fairness als besonders relevant. Betriebswirtschaftlich interessant ist aus unserer Sicht auch, dass für alle Fairnessaspekte ein moderater (negativer) Zusammenhang zu unternehmensschädigendem Verhalten (z. B. Diebstahl) gefunden werden konnte.

Tabelle 5: Ausgewählte Zusammenhänge zwischen Fairnessaspekten und Ergebnisvariablen aus der Metaanalyse von Colquitt et al. (2001)

Fairnessaspekt	Ergebnisvariable	Korrelation
Distributive Fairness	Arbeitszufriedenheit	.46
	organisationales Commitment	.42
	Leistung	.13
	Zufriedenheit mit Leistungsbeurteilungen, dem Gehalt und Beförderungen	.52
	Vertrauen in die Führungskräfte	.48
	das Unternehmen schädigendes Verhalten	–.26
Prozedurale Fairness	Arbeitszufriedenheit	.33
	organisationales Commitment	.32
	Leistung	.30
	Zufriedenheit mit Leistungsbeurteilungen, dem Gehalt und Beförderungen	.45
	Vertrauen in die Führungskräfte	.56
	das Unternehmen schädigendes Verhalten	–.33
Interaktionale Fairness – informationell	Arbeitszufriedenheit	.38
	organisationales Commitment	.26
	Leistung	.11

Tabelle 5: Fortsetzung

Fairnessaspekt	Ergebnisvariable	Korrelation
Interaktionale Fairness – informationell	Zufriedenheit mit Leistungsbeurteilungen, dem Gehalt und Beförderungen	.27
	Vertrauen in die Führungskräfte	.43
	das Unternehmen schädigendes Verhalten	–.29
Interaktionale Fairness – interpersonell	Arbeitszufriedenheit	.31
	organisationales Commitment	.16
	Leistung	.03
	Zufriedenheit mit Leistungsbeurteilungen, dem Gehalt und Beförderungen	.19
	Vertrauen in die Führungskräfte	--
	das Unternehmen schädigendes Verhalten	–.30

Bies, Martin und Brockner (1993) fanden in ihrer Studie, dass eine umfassende und nachvollziehbare Begründung im Kontext von Stellenabbau das Verhalten der Mitarbeitenden beeinflussen kann. So verhielten sich Mitarbeitende, die mit plausiblen Begründungen informiert wurden, nach eigenen Angaben weiterhin positiv dem Unternehmen gegenüber (z. B. freiwillige Übernahme von Zusatzaufgaben, Einbringen von Verbesserungsvorschlägen), bevor sie das Unternehmen dann endgültig verließen.

Greenberg (1990) untersuchte die Auswirkungen einer zeitweiligen Lohnkürzung um 15 % auf die Häufigkeit von Diebstahl und Kündigungen in einem produzierenden Unternehmen mit drei Unternehmensteilen an unterschiedlichen Standorten. Erhielten Beschäftigte eine nachvollziehbare Begründung für die Lohnkürzung, die zudem respektvoll vermittelt wurde, so wurden in der Phase der Lohnkürzung weniger Diebstähle und weniger Kündigungen verzeichnet als bei Beschäftigten, die lediglich eine sehr knappe Begründung erhielten. In der Bedingung mit nachvollziehbarer und respektvoller Begründung stellte der Geschäftsführer des Unternehmens in einer 90-minütigen Mitarbeiterversammlung die betriebswirtschaftlichen Gründe für die Entscheidung anhand konkreter Zahlen und Grafiken umfassend dar. So wurde aufgezeigt, dass wichtige Schlüsselkunden ihre Verträge gekündigt hatten und als Konsequenz der Umsatz deutlich zurückging. Es wurde erläutert, dass durch die vorübergehende Lohnkürzung (10 Wochen) Entlassungen vermieden werden können und dass alle Beschäftigten (auch alle Führungskräfte) der Unternehmenseinheit in gleicher Weise einbezogen werden. Der Geschäftsführer sprach wiederholt an, dass ihm diese Entscheidung sehr schwerfalle und ihm bewusst sei, dass diese Entscheidung weh tue. Gleichzeitig wurde betont, dass die Krise so gemeinsam bewältigt werden könne. Die Beschäftigten hatten die Möglichkeit Fragen zu stellen, die alle umfassend beantwortet wurden. Zudem wurde den Mitarbeitenden besonders gedankt. An einem anderen Standort wurden die Beschäftigten lediglich 15 Minuten lang über die Kürzung informiert und die Begründung wurde sehr knapp gehalten. Zudem wurde gesagt, dass lediglich Zeit für ein oder zwei Fragen sei, da die Führungskraft zügig einen anderen Termin wahrnehmen müsse, was als abwertende Botschaft wahrgenommen werden kann.

Effekte von Unfairness

In verschiedenen Studien zeigen sich Effekte von Unfairness auf verschiedene Facetten der Mitarbeitergesundheit, wie beispielsweise Gesundheitsbeschwerden (Siegrist, Wege, Pühlhofer & Wahrendorf, 2009).

Elovainio, Leino-Arjas, Vahtera und Kivimäki (2006) fanden in einer Studie mit Pflegekräften, dass mangelnde Fairness mit einem erhöhten Risiko für dysfunktionale Herz-Kreislauf-Aktivität assoziiert war. Zok (2011) berichtet, dass Mitarbeitende, die sich unfair behandelt fühlen, deutlich mehr Gesundheitsbeschwerden erleben als Mitarbeitende, die sich fair behandelt fühlen. Höhere Ausprägungen einer Imbalance aus Anstrengungen und Belohnungen gehen mit mehr Gesundheitsbeschwerden und depressiven Symptomen einher (Siegrist et al., 2009; Leineweber, Wege, Westerlund, Theorell, Wahrendorf & Siegrist, 2010).

2.5 Ratgeber- und Freundschaftsnetzwerke bei der Arbeit

Die Bedeutung positiver Beziehungen im Arbeitskontext

Zugehörigkeit und Anerkennung in einer Gruppe sind für das Erleben von Wertschätzung sehr wichtig. Mitarbeitende erfahren in sozialen Beziehungen Wertschätzung, wenn sie das Gefühl haben,

- dass andere sich für sie interessieren,
- dass sie gemocht werden,
- dass sie als Person respektiert werden,
- und dass ihre Fähigkeiten anerkannt werden.

Es geht Beschäftigten also nicht allein um die Frage, ob sie Teil einer Gruppe sind, sondern sie stellen sich auch die Frage, wie gern andere mit ihnen im Kontakt sind. Mitarbeitende möchten von anderen Gruppenmitgliedern positiv wahrgenommen werden: als sympathisch, kompetent und attraktiv; als jemand, der oder die einen wertvollen Beitrag in die Gruppe einbringt (Leary & Allen, 2011). Solche Überlegungen sind grundlegend für sogenannte *Netzwerkansätze*.

Was ist unter Ratgeber- und Freundschaftsnetzwerken zu verstehen?

Bei Netzwerkansätzen wird unter anderem untersucht, wie stark Mitarbeitende in ihrer Organisation mit anderen vernetzt sind und welche Zusammenhänge sich daraus beispielsweise mit Arbeitszufriedenheit oder Fluktuation ergeben. Dabei wird zwischen Ratgeber- und Freundschaftsnetzwerken unterschieden,

- also zwischen Netzwerken, bei denen es entweder darum geht, von Kolleginnen und Kollegen *fachliche Unterstützung* zu bekommen (z. B. fachlichen Rat),
- oder um *soziale Unterstützung* (z. B. Möglichkeiten zum Gespräch nach Misserfolgen), wobei angenommen wird, dass solche Verknüpfungen der gegenseitigen Unterstützung dienen und keine Einbahnstraße darstellen (Porter et al., 2019).

Ratgebernetzwerke erschließen vielfältige Ressourcen: von fachlichem Rat, um beispielsweise eine schwierige Aufgabe bewältigen zu können, über den Zugang zu Informationen und die Einflussnahme auf Entscheidungen bzw. Entscheidungsgremien bis hin zu einem Zugang zu Budget oder besonderen Arbeitsmitteln (Porter et al., 2019).

Ebenso können *Freundschaftsnetzwerke* eine Ressource sein: in Form von sozialer Unterstützung, dem Gefühl „gemocht" zu werden und gemeinsamen positiven Erlebnissen (Porter et al., 2019).

Welchen Ratgeber- und Freundschaftsnetzwerken gehöre ich in meiner Organisation an? Wie werde ich in diesen Netzwerken von anderen gesehen? Diese Fragen berühren das eingangs genannte Bedürfnis, Teil von Gruppen sein zu wollen und zum anderen über eine positive Reputation in diesen Gruppen zu verfügen (de Cremer & Tyler, 2005). Inhaltlich korrespondieren Ratgeber- und Freundschaftsnetzwerke mit der Unterscheidung von *emotionaler* (z. B. Empathie zeigen, wenn jemand Sorgen hat) und *instrumenteller Unterstützung* (z. B. Informationen weitergeben, mit denen jemand eine Aufgabe erfolgreich bewältigen kann), die in der Forschung eine lange Tradition hat (Semmer, Elfering, Jacobshagen, Perrot, Beehr & Boos, 2008). Semmer et al. (2008) argumentieren, dass instrumentelle Unterstützung für die Empfänger eine emotionale Bedeutung haben kann, sodass im Alltag instrumentelle Unterstützung häufig auch als emotional unterstützend wahrgenommen wird. In einer Befragungsstudie berichten Semmer et al. (2008), dass 71,6 % der instrumentell unterstützenden Verhaltensweisen für die Empfänger auch eine emotional unterstützende Bedeutung hatten. Mit Blick auf den Arbeitskontext diskutieren die Autoren, dass instrumentelles Verhalten (z. B.

ein Mitarbeiter behebt für einen Kollegen ein Druckerproblem) insbesondere dann eine emotionale Bedeutung bekommen sollte, wenn das Verhalten nicht zu den eigentlichen Pflichten gehört oder mit besonderem Engagement für das Anliegen des Kollegen einhergeht (z. B. das Druckerproblem wird nach dem offiziellen Arbeitsende noch behoben).

Die Bedeutung negativer Beziehungen im Arbeitskontext

Labianca und Brass (2006) argumentieren, dass positive und negative Beziehungen im Arbeitskontext sich in der Wirkung gegenseitig beeinflussen und in ihrer Kombination miteinander untersucht werden sollten. Die soziale Realität von Mitarbeitenden ergibt sich demnach aus dem Zusammenspiel aus Ratgeber- und Freundschaftsbeziehungen sowie negativen Beziehungen, wie beispielsweise Konkurrenz.

So konnte gezeigt werden, dass Mitarbeitende mit zentraler Position in einem positiven Netzwerk ein höheres Maß an Zufriedenheit mit ihren Arbeitsbeziehungen als Mitarbeitende mit weniger zentraler Position erleben. Mitarbeitende mit zentraler Position in einem negativen Netzwerk erleben hingegen ein geringeres Maß an Zufriedenheit mit ihren Arbeitsbeziehungen als Mitarbeitende mit weniger zentraler Position (Venkataramani, Labianca & Grosser, 2013).

Effekte von Freundschafts- und Ratgebernetzwerken

Die Bedeutung sozialer Beziehungen bei der Arbeit für Arbeitszufriedenheit, Stresserleben, physische Beschwerden und weitere Facetten von Wohlbefinden und Gesundheit ist seit Jahrzehnten gut bestätigt (z. B. Balshem, 1988; Boumans & Landeweerd, 1992; Ganster, Fusilier & Mayes, 1986). Freundschafts- und Ratgebernetzwerke scheinen vor allem auch für die Mitarbeiterbindung relevant zu sein (Porter et al., 2019).

Porter et al. (2019) zeigen in ihrer Metaanalyse, dass beide Arten von Netzwerkzentralität in positivem Zusammenhang mit Arbeitszufriedenheit und Verbundenheit mit dem Unternehmen stehen, wobei Freundschaftsnetzwerke für die Arbeitszufriedenheit relevanter sind. Vermittelt über die Zufriedenheit mit den Arbeitsbeziehungen finden Venkataramani et al. (2013) in zwei Feldstudien einen indirekten Zusammenhang von positiver Netzwerkzentralität zu Arbeitszufriedenheit, affektivem Commitment und Fluktuationsabsichten. In einer Längsschnittstudie wiesen eher außenstehende Mitarbeitende (Mitarbeitende, die u. a. kaum privaten Kontakt zu ihren Kolleginnen und Kollegen haben) eine höhere Fluktuationswahrscheinlichkeit auf (O'Reilly, Caldwell & William, 1989). Berman, West und

Richter (2002) finden in einer Befragung unter erfahrenen Führungskräften positive Einstellungen zu Freundschaften bei der Arbeit. Die befragten Führungskräfte sehen positive Auswirkungen von Freundschaften bei der Arbeit unter anderem auf die Produktivität ihrer Beschäftigten und auf die Arbeitsatmosphäre.

Effekte fehlender Freundschafts- und Ratgebernetzwerke

Weniger soziale Unterstützung bei der Arbeit durch Führungskräfte sowie Kolleginnen und Kollegen geht mit mehr Krankheitssymptomen einher (Oxenstierna, Ferrie, Hyde, Westerlund & Theorell, 2005). Werden Mitarbeitende bei der Arbeit sogar aus Gruppen ausgeschlossen, lächerlich gemacht oder diskriminiert, dann ist dieser soziale Stress mit psychischen und physischen Beschwerden verbunden (Dehue et al., 2012).

Pereira, Meier und Elfering (2013) finden in einer Tagebuchstudie, dass sich im Tagesverlauf bei der Arbeit ausgeschlossen zu fühlen, mit mehr Schlafunterbrechungen in der Folgenacht assoziiert ist. Das Erleben mangelnder Teamzugehörigkeit wirkt auf Tagesbasis auf die Schlafqualität, die für die physische und psychische Gesundheit eine wichtige Rolle spielt. Weiterhin können sie zeigen, dass Personen, die sich bei der Arbeit dauerhaft ausgeschlossen fühlen, schlechter einschlafen und ihre Schlafqualität auch subjektiv als schlechter beurteilen.

Beide Arten von Netzwerkzentralität stehen auch in Zusammenhang mit Fluktuation (Porter et al., 2019), wobei Freundschaftsnetzwerke deutlich relevanter sind. Auch Vardaman, Taylor, Allen, Gondo und Amis (2015) finden Effekte von Freundschafts- und Ratgebernetzwerken auf Fluktuation.

Die Zugehörigkeit zu Freundschafts- und Ratgebernetzwerken als Wertschätzungsfrage

Es ist anzunehmen, dass Beschäftigte über beide Netzwerkkomponenten Wertschätzung erfahren können. Wer von anderen als Ratgeber gefragt wird, wird das als Aufwertung erleben. Ebenso trifft dies für Beschäftigte zu, die über Ratgebernetzwerke Zugang zu wichtigen Informationen erhalten, Einfluss auf Entscheidungen nehmen können oder Zugang zu materiellen Ressourcen bekommen. Gleiches gilt für Mitarbeitende, wenn sie in Freundschaftsnetzwerken erfahren, dass sie gemocht und respektiert werden. Wertschätzung wird erlebt, wenn Mitarbeitende Interesse an ihrer Person und soziale Unterstützung erfahren und wenn mit Kolleginnen und Kollegen positive, verbindende Erlebnisse entstehen. Wer auch negative Beziehungen bei seiner Arbeit erlebt, scheint von positiven Beziehungen besonders profitieren zu können.

2.6 Die Bedeutung von Wertschätzung in etablierten Führungstheorien

Dass Führungskräfte für die Förderung von Wertschätzung bei der Arbeit eine zentrale Rolle spielen, ist in den bisherigen Abschnitten bereits deutlich geworden, beispielsweise bei den Ausführungen zu organisationaler Fairness (siehe Abschnitt 2.4). In diesem Abschnitt möchten wir nun verschiedene Führungstheorien dahingehend beleuchten, inwieweit in ihnen Wertschätzung als wichtiger Bestandteil enthalten ist oder welche Komponenten der Führungstheorien womöglich das Risiko von Abwertung in sich bergen. Wir betrachten fünf gut etablierte Führungstheorien, die in den letzten Jahrzehnten intensiv beforscht worden sind (Felfe, 2009; von Rosenstiel & Kaschube, 2014):

- Aufgabenorientierung
- Mitarbeiterorientierung
- Leader-Member-Exchange
- transformationale Führung
- transaktionale Führung

Bei allen fünf Konzepten gibt es überzeugende Forschungsbefunde für positive Effekte auf verschiedene Kriterien, wie Arbeitszufriedenheit, Motivation oder Leistung (Felfe, 2009; von Rosenstiel & Kaschube, 2014). Zur Förderung von Wertschätzung erscheint uns insbesondere eine Kombination verschiedener Facetten der fünf Ansätze vielversprechend.

Wir geben nachfolgend einen Überblick über zentrale Inhalte der jeweiligen Theorie und diskutieren die Theorien unter Wertschätzungsgesichtspunkten mit Blick auf mögliche Chancen und Risiken, wenn der jeweilige Führungsansatz genutzt wird. In Abschnitt 3.3.2 gehen wir auf praktische Ansatzpunkte ein, um die skizzierten Risiken als Führungskraft zu minimieren.

Aufgabenorientierung

In vielen Organisationen ist es üblich, dass mit Führungskräften Ziele vereinbart werden, die beispielsweise festlegen, was im Laufe eines Jahres in ihrem Verantwortungsbereich erreicht werden soll. Daraus ergeben sich Aufgaben, die von den Kolleginnen und Kollegen im Team umgesetzt werden müssen.

Aufgabenorientierung	
Zentrale Inhalte	• Der Fokus der Führungskraft liegt auf der erfolgreichen Umsetzung der Arbeitsaufgaben. • Führungskräfte zeigen eine starke Leistungs- und Zielorientierung, indem sie mit Mitarbeitenden in der Regel Leistungsziele vereinbaren. • Erfolge und damit potenziell auch Misserfolge werden von der Führungskraft besonders beachtet. • Koordination, Anleitung und Kontrolle der Geführten sind wichtige Führungsaufgaben (Felfe, 2009; Judge, Piccolo & Ilies, 2004; von Rosenstiel & Kaschube, 2014).
Mögliche Chancen	• Führungskräfte interessieren sich bei diesem Ansatz stark für die Arbeit ihrer Mitarbeitenden, was sehr wahrscheinlich als wertschätzend erlebt wird (Ng, 2016). • Der Selbstwert von Mitarbeitenden sollte gestärkt werden, wenn es ihnen gelingt, die vereinbarten Leistungsziele zu erreichen (Semmer et al., 2019). • Werden die erreichten Erfolge von der Führungskraft gewürdigt (z. B. Anerkennung im persönlichen Gespräch), so wird dies sehr wahrscheinlich als Wertschätzung erlebt mit positiven Effekten auf den Selbstwert (Semmer et al., 2019).
Mögliche Risiken	• Starke Ziel- und Leistungsorientierung der Führungskraft trägt bei Misserfolgen von Mitarbeitenden womöglich zu einer stärkeren Selbstwertbedrohung bei: Mitarbeitende erleben wahrscheinlich Scham, wenn sie die (hohen) Leistungserwartungen der Führungskraft nicht erfüllen können (Semmer et al., 2019). • Mitarbeitende dürften das Verhalten von Führungskräften, die ausschließlich die Aufgabenerledigung im Blick haben, also kein Interesse an persönlichen Sorgen und Anliegen der Mitarbeitenden zeigen, als abwertend wahrnehmen (Ng, 2016).

Mitarbeiterorientierung

Neben Aufgabenorientierung wird häufig die Mitarbeiterorientierung als zweiter wichtiger Führungsansatz genannt (von Rosenstiel & Kaschube, 2014): Hier stehen die Mitarbeitenden mit ihren Bedürfnissen und Anliegen im Fokus. Allerdings muss eine Führungskraft nicht entweder mit Aufgaben- oder Mitarbeiterorientierung führen. Es wird vielmehr empfohlen, beide Ansätze in der Führungspraxis zu kombinieren (Blake & Mouton, 1964; Felfe, 2009; von Rosenstiel & Kaschube, 2014).

Mitarbeiterorientierung	
Zentrale Inhalte	• Das Führungsverhalten ist geprägt von Freundlichkeit, Vertrauen gegenüber und Interesse an den Mitarbeitenden. • Die Führungskräfte interessieren sich für individuelle Bedürfnisse, nehmen darauf Rücksicht und beteiligen ihre Mitarbeitenden an Entscheidungsprozessen (Felfe, 2009; Judge et al., 2004; von Rosenstiel & Kaschube, 2014).
Mögliche Chancen	• Starke Mitarbeiterorientierung (vor allem Interesse zeigen, Vertrauen schenken, freundliche Kommunikation) sind Kernelemente von Wertschätzung und sollten wesentlich zur Förderung des Selbstwertes beitragen (Semmer et al., 2019). • Partizipation und Rücksichtnahme sollten das Auftreten selbstwertbedrohlicher Ereignisse für die Mitarbeitenden unwahrscheinlicher machen (vgl. Abschnitt 2.4).
Mögliche Risiken	• Leistungsstarke Mitarbeitende könnten sich unfair behandelt fühlen, wenn leistungsschwache Kolleginnen und Kollegen aus ihrer Sicht (zu) viel Rücksichtnahme durch die Führungskraft erfahren. Dies wäre genauer zu untersuchen. • Mitarbeiterorientierung bedeutet, die Bedürfnisse von Mitarbeitenden ernst zu nehmen und aufzugreifen. Dies mag für Führungskräfte herausfordernd sein, wenn Bedürfnisse verschiedener Teammitglieder im Konflikt zueinander stehen. Führungskräfte mit starker Mitarbeiterorientierung müssen diese entsprechend austarieren, um erlebte Unfairness zu vermeiden.

Leader-Member-Exchange

Der nachfolgend dargestellte Leader-Member-Exchange-Ansatz (LMX) weist eine gewisse inhaltliche Nähe zum Konzept der Mitarbeiterorientierung auf (Rockstuhl, Dulebohn, Ang & Shore, 2012). Bei LMX steht die *Beziehungsqualität* zwischen Führungskraft und Mitarbeitenden im Fokus (Graen & Uhl-Bien, 1995). Eine enge, positive Beziehung ist dabei von Attributen wie Ehrlichkeit, offenem Austausch und Unterstützung geprägt (Banks, Batchelor, Seers, O'Boyle Jr., Pollack & Gower, 2014), was dem Konzept der Mitarbeiterorientierung sehr nahekommt. Allerdings wird bei LMX die Beziehung von beiden Seiten in den Blick genommen und nicht ausschließlich das Führungsverhalten; dabei werden vor allem unterschiedliche Beziehungsqualitäten und deren Auswirkungen betrachtet (von Rosenstiel & Kaschube, 2014).

Leader-Member-Exchange	
Zentrale Inhalte	• Die Beziehungsgestaltung zwischen Führungskraft und Mitarbeitenden steht im Fokus. • Die Interaktionsprozesse können sich mit Blick auf verschiedene Aspekte unterscheiden: Gewährung von Handlungs- und Entscheidungsspielraum, Berücksichtigung individueller Bedürfnisse, Übertragung von Verantwortung, Intensität der Kommunikation, fachliche und emotionale Unterstützung bei Problemen, Anerkennung, Partizipation und Vertrauen. • In einem Team können mit der Führungskraft Beziehungen unterschiedlicher Qualität resultieren. • Führungskräfte können in der Folge von verschiedenen Teammitgliedern mitunter sehr unterschiedlich wahrgenommen und mit Blick auf ihre Führungskompetenz sehr unterschiedlich beurteilt werden (Banks et al., 2014; Felfe, 2009; Rockstuhl et al., 2012; von Rosenstiel & Kaschube, 2014).
Mögliche Chancen	• Mitarbeitende können positive Beziehungen mit ihrer Führungskraft als Wertschätzung erleben. In ihrer Metaanalyse berichten Rockstuhl et al. (2012) für den westlichen Kulturraum einen beachtlichen Zusammenhang von $r = .65$ zwischen LMX und dem Erleben interaktionaler Fairness aufseiten der Geführten. • Eine Führungskraft, die insgesamt viel Wert auf die Entwicklung enger Beziehungen im Team und im Unternehmen legt, trägt dadurch wahrscheinlich zur Gestaltung von Ratgeber- und Freundschaftsnetzwerken bei, was Wertschätzung begünstigen kann (z. B. das Gefühl von stärkerer Zugehörigkeit zu einem Team). In ihrer Metaanalyse finden Rockstuhl et al. (2012) für den westlichen Kulturraum einen Zusammenhang von $r = .30$ zwischen LMX und der Bereitschaft der Geführten, sich über die Kernaufgaben hinaus zu engagieren, was auch Hilfsangebote an Kolleginnen und Kollegen miteinschließt.
Mögliche Risiken	• Entstehung einer Ingroup und einer Outgroup, wenn die Führungskraft mit einigen Mitarbeitenden deutlich engere Beziehungen aufbaut als mit anderen (von Rosenstiel & Kaschube, 2014). Wer nicht zur Ingroup gehört, fühlt sich womöglich in seinem Selbstwert bedroht. Mitglieder der Outgroup können sich zudem unfair behandelt fühlen (Rockstuhl et al., 2012).

Transformationale Führung

Hohe Relevanz für Forschung und Praxis hat auch das Konzept der transformationalen Führung. Transformationales Führungsverhalten zielt darauf ab, die Mitarbeitenden dafür zu gewinnen, sich in besonderer Weise für die *Ziele der Organisation* einzusetzen. Es ist explizit das Ziel transformationaler Führung, Eigeninteressen der Mitarbeitenden abzuschwächen und sie auf die übergeordneten Ziele der Organisation hin zu orientieren (Felfe, 2006).

Transformationale Führung	
Zentrale Inhalte	Transformationales Führungsverhalten ist geprägt durch: • Vorbildliches und glaubwürdiges Verhalten der Führungskraft (z.B. die Führungskraft stellt eigene Bedürfnisse zurück, geht persönliche Risiken ein und berücksichtigt in ihrem Verhalten moralische Standards) • Inspirierende Motivierung (z.B. die Führungskraft kann die Unternehmensvision überzeugend vermitteln, zeigt Optimismus und fördert die Überzeugung, dass die Ziele erreicht werden können) • Intellektuelle Stimulierung (z.B. die Führungskraft ermuntert dazu, Bestehendes zu hinterfragen und regt zu kreativem Denken an; Fehler dürfen gemacht werden) • Individuelle Unterstützung und Förderung der Beschäftigten (z.B. die Führungskraft unterstützt Mitarbeitende bei ihrer persönlichen Entwicklung und hat ein offenes Ohr für ihre Anliegen) (Bass, Avolio, Jung & Berson, 2003; Felfe, 2009)
Mögliche Chancen	• Da bei vorbildlichem Verhalten Bezug auf ethische Standards, auf Prinzipien und Werte genommen wird (z.B. Bass et al., 2003), ist transformationales Führungsverhalten mit abwertendem Führungsverhalten nicht vereinbar. • Inspirierende Motivierung ist eng verknüpft mit wertschätzender Kommunikation: Vertrauen in die Leistungsfähigkeit der Mitarbeitenden zum Ausdruck bringen und bisherige Erfolge würdigen als Basis für die Erreichung herausfordernder Visionen/Ziele (vgl. van Quaquebeke & Eckloff, 2010). • Intellektuelle Stimulierung weist Wertschätzungsbezüge auf: Meinungen und Sichtweisen der Beschäftigten ernst nehmen, Offenheit für deren Vorschläge signalisieren und eine konstruktive Fehlerkultur realisieren (vgl. van Quaquebeke & Eckloff, 2010). Bass et al. (2003) verweisen in der Beschreibung von intellektueller Stimulierung explizit darauf, dass Mitarbeitende für gemachte Fehler nicht lächerlich gemacht und nicht öffentlich kritisiert werden. • Eine sehr enge Verknüpfung mit Wertschätzung hat die Facette individuelle Förderung. Diese Komponente wird teilweise auch explizit als Wertschätzungsfacette transformationaler Führung aufgefasst (von Rosenstiel & Kaschube, 2014). • Bisherige Studien legen die Schlussfolgerung nahe, dass transformationales Führungsverhalten das Stresserleben von Beschäftigten reduziert. Hierzu gibt es eine breite Befundlage (Arnold, 2017; Felfe, 2006).
Mögliche Risiken	• Allerdings wurde in einigen wenigen abweichenden Studien ein ungünstiger Effekt von transformationaler Führung auf Stresserleben gefunden (z.B. Parveen & Adeinat, 2019). Franke und Felfe (2011a) argumentieren, dass bestimmte Aspekte transformationalen Führungsverhaltens (z.B. die Kommunikation herausfordernder Ziele, das Vorleben hoher Einsatzbereitschaft) womöglich zu Überforderung von Geführten beitragen können

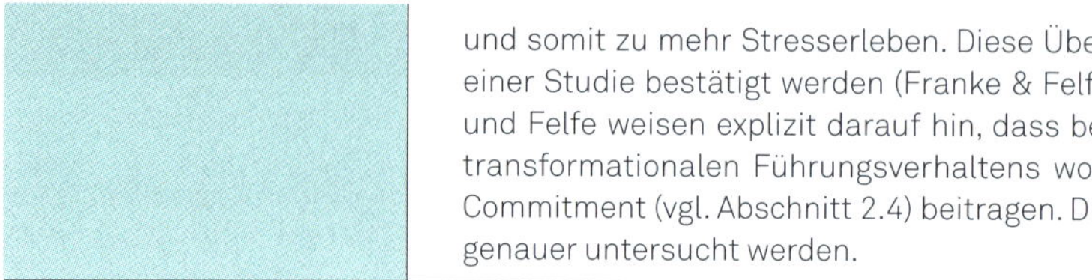
und somit zu mehr Stresserleben. Diese Überlegung konnte in einer Studie bestätigt werden (Franke & Felfe, 2011b). Franke und Felfe weisen explizit darauf hin, dass bestimmte Aspekte transformationalen Führungsverhaltens womöglich zu Über-Commitment (vgl. Abschnitt 2.4) beitragen. Diese Frage müsste genauer untersucht werden.

Transaktionale Führung

Abschließend gehen wir auf das Konzept der transaktionalen Führung ein, das häufig in Verbindung mit transformationaler Führung beforscht wurde, und bei dem es um *faire Austauschprozesse* geht. Ähnlich wie bei den Konzepten der Aufgaben- und Mitarbeiterorientierung schließen sich transformationale und transaktionale Führung nicht aus, sondern können sich wirkungsvoll ergänzen. Wie Forschungsbefunde zeigen, ist eine Kombination der beiden Ansätze für wirksame Führung besonders vielversprechend (Felfe, 2006).

Transaktionale Führung	
Zentrale Inhalte	• Der Austauschprozess zwischen Führungskraft und Mitarbeitenden steht im Fokus. • Die Mitarbeitenden erbringen die geforderten Leistungen und erhalten dafür materielle und immaterielle Belohnungen, Unterstützung etc. (z. B. ein Mitarbeiter erreicht vereinbarte Ziele und erhält dafür eine Gehaltserhöhung) (Felfe, 2009; von Rosenstiel & Kaschube, 2014).
Mögliche Chancen	• Die Gestaltung fairer Austauschprozesse zwischen Mitarbeitenden und Führungskraft ist ein Kernelement transaktionaler Führung. Dies sollte per se zur Vermeidung von Effort-Reward-Imbalance (vgl. Abschnitt 2.4) beitragen.
Mögliche Risiken	• Abwertungserlebnisse, wenn vereinbarte Ziele nicht erreicht werden und in der Folge die materielle und immaterielle Anerkennung ausbleibt (vgl. Semmer et al., 2019); insbesondere, wenn das System zur Leistungsbeurteilung als unfair wahrgenommen wird

3 Analyse und Handlungsempfehlungen

Zu Beginn dieses Kapitels legen wir einen besonderen Schwerpunkt auf die Analyse von Wertschätzungsaspekten in einer Organisation (siehe Abschnitt 3.1): Wie können Wertschätzungsaspekte über Fragebögen und andere Instrumente erfasst werden, um davon ausgehend Interventionen zu gestalten? Im Anschluss geben wir allgemeine Handlungsempfehlungen zur Förderung von Wertschätzung in Organisationen (siehe Abschnitt 3.2 bis 3.4), die wir in Kapitel 4 anhand einer ausführlichen Beschreibung von konkreten Interventionen zur Förderung von Wertschätzung vertiefen.

3.1 Wertschätzung systematisch erfassen

„Wie fühlst du dich von mir behandelt?“, „Wie gehen deine Kolleginnen und Kollegen mit dir um?“, „Wie stark fühlst du dich wertgeschätzt?“ – Wahrscheinlich stellen Führungskräfte ihren Mitarbeitenden selten solche Fragen. Womöglich wären die Mitarbeitenden angesichts dieser Fragen irritiert und wüssten nicht, wie sie damit umgehen sollen. Vielleicht hätten sie auch Bedenken, diese Fragen ehrlich zu beantworten. Zudem könnte es auch für Führungskräfte schwierig sein, mit den Rückmeldungen umzugehen. Gleichzeitig ist es für Führungskräfte wichtig zu erfahren, wie es um das Wertschätzungserleben ihrer Mitarbeitenden bestellt ist. Wir gehen nachfolgend auf drei verschiedene Ansätze zur Analyse von Wertschätzung in einer Organisation ein: Fragebögen, Mitarbeitergespräche und Workshops.

3.1.1 Fragebögen

In Tabelle 6 geben wir einen Überblick zu verschiedenen Fragebögen, die zur Erfassung von Wertschätzungsaspekten in Organisationen genutzt werden können. Wir führen dabei Fragebögen zu Modellen aus Kapitel 2 auf. Die Fragebögen werden in der Forschung zu den jeweiligen Konstrukten eingesetzt, eignen sich jedoch auch für den Einsatz in der Praxis bzw. können als Anregung für die Gestaltung von Befragungen in der Praxis dienen. Die Möglichkeit der anonymen Datenerhebung sowie der quantitativen Auswertung sind wichtige Stärken des Einsatzes von Fragebögen. Sie können auch als eine Art Screening-Verfahren dienen, um dann in einem zweiten Schritt bedeutsame Themen in Mitarbeitergesprächen und Workshops genauer unter die Lupe zu nehmen.

Tabelle 6: Fragebögen zur Erfassung von Wertschätzung

Wertschätzungsaspekt	Bezeichnung des Fragebogens und Umfang	Beispielfragen	Referenzen
Organisationale Fairness mit den Subfacetten prozedurale, distributive, interpersonelle und informationelle Fairness (siehe Abschnitt 2.4)	• *Colquitt's Organizational Justice Scale* • 20 Items	• „Spiegelt Ihre Vergütung die Anstrengung wider, die Sie in Ihre Arbeit gesteckt haben?" • „Kommuniziert Ihre Führungskraft umfassend und zeitnah?" (eigene Übersetzung)	Colquitt (2001)
Effort-Reward Imbalance (siehe Abschnitt 2.4)	• *Effort-Reward Imbalance Questionnaire* (ERI) • 16 Items in der Kurzfassung (inklusive 6 Items der Skala *Über-Commitment*)	• „Wenn ich an all die erbrachten Leistungen und Anstrengungen denke, halte ich die erfahrene Anerkennung für angemessen." • „Wenn ich an meine Ausbildung denke, halte ich meine berufliche Stellung für angemessen."	Rödel, Siegrist, Hessel & Brähler (2004); Siegrist et al. (2009)
Respekt: Führungsverhalten (siehe Abschnitt 2.2)	• *Inventory for Respectful Leadership Behaviour* • 12 Items in der Kurzfassung	• „Meine Führungskraft übt Kritik auf sachliche und konstruktive Art und Weise." • „Meine Führungskraft interessiert sich stark für meine Meinung und meine Einschätzungen." (eigene Übersetzung)	van Quaquebeke & Eckloff (2010)
Respekt: Verhalten von Kolleginnen und Kollegen (siehe Abschnitt 2.2)	• *Perceived Respect Scale* • 7 Items	• „Ich habe eine gute Reputation bei meinen Kolleginnen und Kollegen." • „Die meisten meiner Kolleginnen und Kollegen sind beeindruckt von dem, was ich bei der Arbeit erreicht habe." (eigene Übersetzung)	Ng (2016)

Tabelle 6: Fortsetzung

Wertschätzungsaspekt	Bezeichnung des Fragebogens und Umfang	Beispielfragen	Referenzen
Qualität der sozialen Beziehungen: Ratgeber- und Freundschaftsnetzwerke (siehe Abschnitt 2.5)	• *Social Relationships Satisfaction Scale aus dem Michigan Organizational Assessment Questionnaire* (MOAQ) • 3 Items	• „Wie zufrieden sind Sie damit, wie Sie von den Leuten behandelt werden, mit denen Sie arbeiten?" (eigene Übersetzung)	Cammann, Fichman, Jenkins & Klesh (1983)

3.1.2 Mitarbeitergespräche

Neben dem Einsatz von Fragebögen können Führungskräfte insbesondere im regelmäßigen Mitarbeitergespräch (z.B. halbjährlich) mit ihren Mitarbeitenden wichtige Wertschätzungsaspekte reflektieren. Dies kann auch unabhängig von formalen Mitarbeitergesprächen in informellen Gesprächen zwischen Führungskraft und Mitarbeitenden geschehen. Für solche Gespräche stellen wir nachfolgend Fragen zur Verfügung (siehe Tabelle 7). Detaillierte Empfehlungen zur Gestaltung von Mitarbeitergesprächen geben Hossiep, Zens und Berndt (2020).

Manche der Fragen sind sehr offen und allgemein gehalten, um die Mitarbeitenden dazu einzuladen, die Punkte anzusprechen, die ihnen besonders wichtig erscheinen. Wir wollen damit eine zu starke Festlegung auf bestimmte Punkte vermeiden. Darüber hinaus haben wir Fragen ergänzt, die auf sehr spezifische Aspekte fokussieren, mit denen Führungskräfte Themen ansprechen können, bei denen sie Handlungsbedarf vermuten oder die sie aus anderen Gründen mit den Mitarbeitenden reflektieren möchten. Einige Fragen nehmen bewusst die Aspekte in den Blick, die gut laufen und deshalb so beibehalten oder sogar noch verstärkt werden sollten. Manche Fragen setzen ein hohes Maß an Vertrauen zwischen Mitarbeitenden und Führungskraft voraus, wobei wir ebenso annehmen, dass das Interesse der Führungskraft an den genannten Themen ein wichtiger Beitrag zur Vertrauensbildung sein kann.

Tabelle 7: Beispielfragen zur Erfassung von Wertschätzung in Mitarbeitergesprächen

Wertschätzungsaspekt	Beispielfragen für Mitarbeitergespräche
Wertschätzendes Führungsverhalten	*Wie erlebst du[7] die Qualität unserer Zusammenarbeit?* • Welche Verbesserungen sind dir in unserer Zusammenarbeit wichtig? • Wie erlebst du mein Feedback an dich? Was passt aus deiner Sicht gut bzw. was erlebst du als hilfreich? Was kann ich aus deiner Sicht dabei besser machen? • Als wie verbindlich nimmst du mich in unserer Zusammenarbeit wahr? • Wie stark hast du den Eindruck, dass ich wahrnehme, was du alles für die Firma tust? Was übersehe ich womöglich?
Wertschätzender Umgang im Team	*Wie fühlst du dich im Team?* • Was ist für dich positiv an der Zusammenarbeit im Team? Wo siehst du Veränderungsbedarf? • Wie ausgeprägt ist aus deiner Sicht die gegenseitige Unterstützung in unserem Team? Was sollten wir beibehalten, was verbessern? • Wie erlebst du die gegenseitige Verlässlichkeit in unserem Team? Was sollten wir beibehalten, was besser machen?
Wertschätzende Zusammenarbeit mit anderen Unternehmensbereichen/ externen Geschäftspartnern	*Wie erlebst du die Zusammenarbeit mit deinen Kunden/Lieferanten/mit anderen Abteilungen?* • Wie oft ärgerst du dich über Situationen in der Zusammenarbeit mit deinen Kunden/Lieferanten/mit anderen Abteilungen? Was sind das für Situationen? • Woran kannst du erkennen, dass deine Arbeit von deinen Geschäftspartnern geschätzt wird? • Wie könnte die Zusammenarbeit positiver gestaltet werden? Wie kann ich dabei unterstützen? Was passt aus deiner Sicht gut bzw. was erlebst du als hilfreich?
Quantität und Qualität von Ratgeber- und Freundschaftsnetzwerken	*Wie gut fühlst du dich im Unternehmen vernetzt?* • Wie stark erfährst du Unterstützung von Kolleginnen und Kollegen bei Problemen? • Wie stark/wie oft bekommst du Rat von anderen oder wirst um deinen Rat gebeten? • Was sollte es noch mehr geben? Was könnte ich dazu noch beitragen?
Wertschätzungsaspekte bei Arbeitsaufgaben	*Wie gut passen deine Aufgaben zu deinen Interessen, Kompetenzen und Erwartungen an deine Stelle?* • Welche Aufgaben erlebst du als eher unpassend für dich oder gar als unnötig? • Welche Aufgaben sind für dich besonders passend und sinnvoll?

7 Wir nehmen an, dass Mitarbeitende und Führungskräfte sich duzen, wie dies in vielen Organisationen heute üblich ist.

Tabelle 7: Fortsetzung

Wertschätzungsaspekt	Beispielfragen für Mitarbeitergespräche
	• Was sollten wir bei deinem Aufgabenpaket aus deiner Sicht verändern?
Wertschätzungsaspekte bei Arbeitsbedingungen	*Wie zufrieden bist du mit deinen Arbeitsbedingungen?* • Wie zufrieden bist du mit deinen Arbeitsmitteln? • Welche Störungen bei deiner Arbeit ärgern dich? • Was sollte mit Priorität verbessert werden? Wie könnte das geschehen?
Wertschätzungsaspekte bei organisationalen Rahmenbedingungen (insbesondere Fairness)	*Wie fühlst du dich mit Blick auf die Rahmenbedingungen in unserer Organisation?* • Wie nachvollziehbar sind für dich Entscheidungen der Geschäftsleitung? • Als wie fair erlebst du bei uns den Zugang zu Weiterbildungsmöglichkeiten und Karriereschritten? • Wie sehr hast du den Eindruck, dass Anliegen von Mitarbeitenden von der Geschäftsleitung aufgegriffen werden? Welche Anliegen wurden aus deiner Sicht gut aufgegriffen, welche Anliegen noch nicht oder weniger gut? • Was wäre zu tun, damit es in unserer Organisation noch fairer zugehen würde?

In den Gesprächen können verschiedene Perspektiven eingenommen werden:

- Wie wertschätzend fühlen sich Mitarbeitende behandelt? (von Führungskräften, Kolleginnen und Kollegen, Kunden)
- Was nehmen Mitarbeitende bei anderen wahr? (z.B. Wie respektvoll werden Kolleginnen und Kollegen zum Beispiel von ihren Führungskräften behandelt?)
- Als wie wertschätzend erleben Mitarbeitende ihr eigenes Verhalten gegenüber anderen?

In solchen Gesprächen kann also einerseits thematisiert werden, wie Mitarbeitende für sich selbst betrachtet verschiedene Wertschätzungsaspekte erleben, darüber hinaus kann aber auch die eigene Rolle bei der Gestaltung wertschätzender Zusammenarbeit und deren Wahrnehmung bei anderen reflektiert werden.

3.1.3 Workshops

Es kann verschiedene Anlässe geben, um in einem Teamworkshop die Teamsituation zu reflektieren und Verbesserungen anzugehen: eine neue Führungskraft hat die Leitung des Teams übernommen, es gibt neue Kolleginnen und Kollegen im Team, Teammitglieder signalisieren Gesprächsbedarf. In einem oder mehreren Workshops kann herausgearbeitet werden, was beispielsweise in der Zusammenarbeit gut läuft und beibehalten werden soll und welche Veränderungen sich Teammitglieder wünschen.

- Anregungen zum Ablauf und zu den Inhalten

Führungskräfte, die Wertschätzung in ihrem Team fördern wollen, können als Basis für Verbesserungen die Ist-Situation mit ihrem Team analysieren. Dabei kann die Unterstützung durch einen externen Moderator hilfreich sein, der für einen guten Prozess sorgt, während sich alle Teammitglieder inklusive der Führungskraft auf die Inhalte konzentrieren können. Die Analyse der Situation kann unmittelbar mit der Ableitung von Verbesserungen verknüpft werden, die am besten möglichst konkret vereinbart, dokumentiert und nach einer gemeinsam definierten Frist auf Umsetzung und Wirkung geprüft werden.

Aus unserer Sicht eignen sich folgende Themen unter Wertschätzungsgesichtspunkten besonders gut für Workshops mit einem Team:
- Optimierung der Qualität der Zusammenarbeit im Team
- Verbesserung von Arbeitsbedingungen, auf die das Team und die Führungskraft Einfluss nehmen können
- Veränderungen bei der Aufgabenverteilung innerhalb des Teams, soweit diese vom Team und der Führungskraft beeinflusst werden kann
- Ansätze entwickeln zur Verbesserung der Zusammenarbeit mit externen Geschäftspartnern, anderen Abteilungen oder Führungsgremien

Die Teilnehmenden am Teamworkshop können darum gebeten werden, anhand von Fragen die aktuelle Situation einzuschätzen und ihre Eindrücke zu teilen. Ein möglicher Ablauf kann sein:
1. Die Teammitglieder notieren ihre Überlegungen auf Metaplankarten, beispielsweise zur Qualität der Zusammenarbeit im Team. Mögliche Fragen dazu an die Teammitglieder sind:
   - „Was läuft gut in unserer Zusammenarbeit und was sollten wir uns so erhalten?“ (auf grüne Karten)
   - „Welche Veränderungen wünschst du dir in der Zusammenarbeit?“ (auf blaue Karten)
   - „Was kannst du beitragen, um die gewünschten Veränderungen zu ermöglichen?“ (auf gelbe Karten)
2. Die Kolleginnen und Kollegen stellen sich im zweiten Schritt ihre Ergebnisse gegenseitig vor, wobei die Metaplankarten vom Moderator an einer Metaplanwand geordnet werden. Dabei werden zunächst die Antworten auf die erste Frage stark gewürdigt, um die Aufmerksamkeit gezielt auf Aspekte zu fokussieren, die im Team bereits gut klappen und eine wichtige Ressource für gewünschte Veränderungen sein können. Die Botschaft ist dann: „Wir arbeiten an einigen/vielen Stellen gut zusammen. Das sollte uns doch auch in anderen

Bereichen möglich sein." Auch wenn die Teammitglieder viel Verbesserungsbedarf sehen, so ist es sehr unwahrscheinlich, dass in einem Team alles schlecht läuft.

3. Die Mitarbeitenden priorisieren die einzelnen Veränderungswünsche, indem beispielsweise jedes Teammitglied drei Themen priorisieren darf.
4. Beginnend mit dem wichtigsten Punkt werden Lösungsansätze entwickelt und konkret vereinbart. Dabei werden die angebotenen Beiträge aus der letzten Frage genutzt. Wir empfehlen, möglichst alle Themen zu bearbeiten (womöglich in einem zweiten Treffen), damit nicht einzelne Anliegen von Teammitgliedern als irrelevant abgetan werden.

• Impulsfragen für die Workshopmoderation

Tabelle 8 zeigt einige Fragen, die ergänzend und vertiefend in solchen Workshops genutzt werden können.

Tabelle 8: Fragen für Workshops zur Reflexion wichtiger Wertschätzungsaspekte in Teams

Wertschätzungsaspekt	Beispielfragen für Workshops
Arbeitsbedingungen und Arbeitsaufgaben	• Wie passend sind unsere Arbeitsmittel, um unsere Aufgaben gut erledigen zu können? Was wäre noch notwendig und hätte für uns besondere Priorität? • Welche unserer Aufgaben erleben wir als unnötig oder unpassend für unser Team? Wie könnten wir das verändern? • Welche Hindernisse erleben wir bei unserer Arbeit, die es eigentlich nicht geben dürfte? In welchen Situationen haben wir das Gefühl, dass uns Steine in den Weg gelegt werden? Wie können wir das verändern? Wer kann uns dabei unterstützen?
Aufgabenverteilung	• Wie gut sind unsere Aufgaben im Team mit Blick auf Interessen, Kompetenzen und formale Qualifikationen verteilt? Hat jedes Teammitglied die Aufgaben, die zu ihm oder zu ihr am besten passen? Welche Aufgaben möchten Teammitglieder gerne abgeben? Welche gerne übernehmen? Wie können wir durch Umverteilung von Aufgaben die Passung erhöhen? • Wie klar sind verschiedene Funktionen innerhalb des Teams definiert und wie gut werden diese beachtet?
Teamklima	• Wie erleben wir unser Teamklima auf einer Skala von 1 bis 10? • Was empfinden wir als besonders gut? Was können wir tun, um uns dies zu bewahren? • Was müssten wir ganz konkret tun, um uns um eine Stufe zu verbessern?

3.2 Leitlinien für eine wertschätzende Unternehmenskultur

Basierend auf den Modellen und Forschungsbefunden aus Kapitel 2 geben wir nachfolgend Anregungen zur Förderung von Wertschätzung auf organisationaler Ebene. Es geht hierbei um die Frage, was die obersten Führungsebenen durch die Gestaltung wichtiger Merkmale einer Organisation zur Förderung von Wertschätzung beitragen können: Wie kann es gelingen, Rahmenbedingungen so zu gestalten, dass Wertschätzung in Organisationen wahrscheinlicher wird? Einige der Anregungen für die Praxis sind der Arbeit von Brun und Dugas (2008, S. 726) entnommen. Konkrete Interventionen beschreiben wir ausführlich in Kapitel 4.

3.2.1 Handlungsempfehlungen basierend auf der SOS-Theorie

Ausgehend von der SOS-Theorie (z.B. Semmer et al., 2019) beschreiben wir nachfolgend einige praktische Ansatzpunkte, die darauf ausgerichtet sind, Bedrohungen des Selbstwertes zu vermeiden bzw. den Selbstwert zu fördern. Wir ergänzen die Ansatzpunkte um Impulsfragen und Beispiele als Anregungen für Führungskräfte oberer Führungsebenen.

Förderung von Wertschätzung auf organisationaler Ebene: Selbstwertbedrohungen vermeiden und den Selbstwert fördern

Würdigung von Leistung in den Kernaufgaben, von langjähriger Betriebszugehörigkeit, von Beiträgen zur Organisation über die Kernaufgaben hinaus, von besonderen Funktionen (z.B. Expertenfunktion, Projektleitung) etc.

Begründung: Betriebliche Anerkennungsformen erfüllen zum einen eine Informationsfunktion, indem beispielsweise ein Mitarbeiter einschätzen kann, ob er seine Leistungsziele erreicht und können zweitens eine Form sozialer Anerkennung sein, wenn beispielsweise Mitarbeitende öffentlich gewürdigt werden.

Impulsfragen:
- Was wird alles anerkannt? Was sollte noch (mehr) Anerkennung erfahren?
- Wie vermittelt die Geschäftsleitung Anerkennung gegenüber den Mitarbeitenden? Welche Wege könnten noch ergänzt werden?

Beispiele:
- Dankesworte an die Belegschaft im Mitarbeitermagazin, in Audio-Podcasts, in Videobotschaften, im Rahmen ritualisierter Ansprachen etc.

- Preise/Auszeichnungen für besondere Beiträge (z.B. für kreative Ideen, für die Umsetzung von Innovationen, für besondere Erfolge, für gelungene Teamarbeit)
- „Danke" als wichtiges Wort in der täglichen Arbeit gegenüber den Mitarbeitenden (z.B. angeregt durch vorbildliches Verhalten der obersten Führungsebene)

Sichtbarkeit von Mitarbeitenden innerhalb der Organisation erhöhen, als Geschäftsleitung Interesse an den Mitarbeitenden und ihrer Arbeit zeigen

Begründung: Die Sichtbarkeit innerhalb der Organisation kann als eine Form sozialer Wertschätzung fungieren.

Impulsfragen:
- Wie können Mitarbeitende mit ihrer Arbeit/mit ihren Leistungen sichtbar werden?
- Wie zeigt die Geschäftsleitung Interesse an der Arbeit von Mitarbeitenden? Welche Wege könnten noch genutzt werden?

Beispiele:
- Sachbearbeitern ermöglichen, Themen, die sie ausgearbeitet haben, in Führungsgremien/gegenüber höheren Führungskräften zu präsentieren
- Mitarbeitenden für ihre Arbeitsthemen Plattformen für mehr Sichtbarkeit anbieten (digitale Formate, Mitarbeitermagazin, Präsenzformate)
- Gespräche zwischen höheren Führungsebenen und Sachbearbeitern zu deren Arbeitsaufgaben ermöglichen (z.B. angeregt durch hierarchiegemischte Projektgruppen)
- Schreiben der Geschäftsleitung an Mitarbeitende bei besonderen Ereignissen (z.B. Geburtstag, Geburt eines Kindes, Heirat)

Entwicklungswege gestalten

Begründung: Was habe ich erreicht? Wie wird meine berufliche Rolle von Geschäftspartnern, Freunden, meiner Familie und anderen wahrgenommen? Diese Fragen können durch die Gestaltung vielfältiger Entwicklungswege mit passenden Funktionsbezeichnungen aufgegriffen werden.

Impulsfragen:
- Welche Entwicklungsmöglichkeiten gibt es für Mitarbeitende in Abhängigkeit von ihren Qualifikationen, Kompetenzen, Interessen und Zielen?
- Wie bekannt und transparent sind die Entwicklungsoptionen? Welche Informationsmöglichkeiten gibt es zu den Entwicklungswegen?
- Wie können Mitarbeitende ihre Entwicklungsmöglichkeiten mit gestalten/beeinflussen?
- Welche Entwicklungswege könnten noch sinnvoll sein?

- Welche immateriellen und materiellen Anerkennungsformen sind mit Entwicklungsschritten verknüpft? Wie angemessen sind diese Anerkennungsformen?

Beispiele:
- Vielfältige Entwicklungsmöglichkeiten gestalten: Führungslaufbahn, Fachlaufbahn, Projektlaufbahn, Übertragung besonderer Aufgaben/besonderer Funktionen
- Nutzung passender, wertschätzender Funktionsbezeichnungen (z.B. Projektleiter, Expertin)

Wertschätzende Kommunikation in Führungsinstrumenten verankern

Begründung: Wertschätzung sollte für die Beschäftigten in der täglichen Kommunikation mit ihren Führungskräften spürbar sein.

Impulsfragen:
- Wie stark sind Wertschätzungsaspekte in Führungsinstrumenten verankert? Wie kann dies noch ausgeweitet werden?
- Wie wird geprüft, wie wertschätzend Führungskräfte kommunizieren (z.B. über die Mitarbeiterbefragung)?
- Wie geht das Unternehmen vor, wenn nicht wertschätzend kommuniziert wird?

Beispiele:
- In jährlichen Mitarbeitergesprächen/in monatlichen Teambesprechungen die Würdigung von Leistung explizit verankern
- Interesse an den Mitarbeitenden (ihren Anliegen, ihrer Arbeit etc.) zu zeigen als wichtige Führungsaufgabe etablieren (z.B. in Regelabstimmungen/bei gemeinsamen Arbeitstagen am Arbeitsplatz der Mitarbeitenden)

Unnötige Aufgaben für die Beschäftigten vermeiden

Begründung: Dass Beschäftigte den Eindruck haben, quasi für den Papierkorb zu arbeiten, sollte unbedingt vermieden werden.

Impulsfragen:
- Als wie wichtig und attraktiv nehmen die Mitarbeitenden ihre Aufgaben wahr? Wie können Wichtigkeit und Attraktivität noch gesteigert werden?
- Wie konsequent werden unnötige Aufgaben gestrichen? Wie stark werden Automatisierung/Digitalisierung genutzt, um Mitarbeitenden unattraktive Aufgaben zu ersparen?

Beispiele:
- Archivierung von Dokumenten durch digitale Lösungen für die Mitarbeitenden vereinfachen
- Wahrgenommene Doppelarbeit im Unternehmen identifizieren und klären (z.B. als wiederkehrender Punkt in Teambesprechungen, in Workshops)

Konstruktive Fehlerkultur etablieren

Begründung: Mitarbeitende, die bemerken, dass sie einen Fehler gemacht haben (z. B. sich anders als eigentlich gewünscht verhalten zu haben), werden dies in der Regel als Bedrohung ihres Selbstwertes wahrnehmen und Scham empfinden. Die Schuld bei anderen zu suchen oder den Fehler als weniger relevant vertuschen zu wollen, mögen selbstwertdienliche Strategien sein. Für die Organisation können sie hingegen fatale Folgen haben. Für die Geschäftsleitung bedeutet das, eine Fehlerkultur zu unterstützen, die es ermöglicht, Fehler einzugestehen und daraus etwas lernen zu können. Fehler sollten möglichst enttabuisiert werden.

Impulsfragen:
- Wie erleben die Mitarbeitenden die Fehlerkultur?
- Wie wird mit Fehlern umgegangen? Werden Fehler vertuscht oder aufgebauscht? Werden Schuldige gesucht?
- Wie stark ist der Lernfokus ausgeprägt (z. B. Was haben wir jetzt gelernt? Was machen wir beim nächsten Mal anders?)?

Beispiele:
- Plattformen schaffen, auf denen sich Mitarbeitende über Gelerntes aus gemachten Fehlern austauschen können (z. B. im Rahmen von Teambesprechungen, in Chatrooms)
- Als Geschäftsleitung offen mit eigenen Fehlentscheidungen und den daraus abgeleiteten Schlussfolgerungen umgehen

3.2.2 Handlungsempfehlungen basierend auf Forschung zu Respekt

Ausgehend von Forschung zu Respekt (z. B. de Cremer & Tyler, 2005; Ng, 2016; Schilpzand et al., 2016; van Quaquebeke & Eckloff, 2010) beschreiben wir nachfolgend weitere Ansatzpunkte zur Förderung von Wertschätzung durch die Geschäftsleitung.

Förderung von Wertschätzung auf organisationaler Ebene: Respektvolles Verhalten zeigen und begünstigen

Vorbildfunktion als Geschäftsleitung wahrnehmen

Begründung: Führungskräfte können als Modell für wertschätzendes Verhalten fungieren (van Quaquebeke & Felps, 2018).

Impulsfragen:
- Wie stark lebt die Geschäftsleitung einen respektvollen Umgangston in der täglichen Kommunikation vor (untereinander und gegenüber Mitarbeitenden)? Welche Verbesserungsmöglichkeiten gibt es in diesem Bereich?
- Wie respektvoll sprechen Führungskräfte über nicht anwesende Führungskräfte?
- Welche Konsequenzen hat respektloses Verhalten hoher Führungskräfte?
- Wie interessiert und dankbar gehen Führungskräfte mit Kritik und Anregungen von Mitarbeitenden um?

Beispiele:
- Vorleben eines respektvollen Umgangs durch die Geschäftsleitung (z. B. Mitarbeitende grüßen, angemessener Ton im persönlichen Gespräch und in der E-Mail-Kommunikation)
- Eine Politik von Nulltoleranz gegenüber Grobheiten und Unhöflichkeiten egal auf welcher Hierarchieebene/keine Entschuldigung von Fehlverhalten hoher Führungskräfte

Anlaufstellen, Prozesse und Interventionsmöglichkeiten etablieren

Begründung: Mitarbeitende sollten Anlaufstellen haben, an die sie sich wenden können, wenn sie sich respektlosem Verhalten ausgesetzt fühlen. Gerade wenn Führungskräfte involviert sind, sind neutrale Stellen wichtig, damit Mitarbeitende überhaupt eine Möglichkeit sehen, sich mitzuteilen.

Impulsfragen:
- Welche Anlaufstellen gibt es für Mitarbeitende, die respektloses Verhalten erleben? Wie gut sind diese bekannt?
- Wie klar sind die Prozesse und mögliche Interventionen definiert, wenn Mitarbeitende sich melden?
- Wie gut werden Mitarbeitende geschützt, die respektloses Verhalten benennen?

Beispiele:
- Leitlinien definieren, wie Ansprechpartner konkret vorgehen, wenn Mitarbeitende sich an sie wenden (z. B. für die Mitarbeitervertretung, für die Personalabteilung)
- Qualifizierungsangebote für die Personen schaffen, die als Anlaufstellen fungieren
- Interventionen bereitstellen, die bei Bedarf genutzt werden können (z. B. qualifizierte Beratungsangebote für betroffene Mitarbeitende)

Schaffung von Arbeitsbedingungen, die respektvolles Verhalten begünstigen

Begründung: Arbeitsbedingungen können zu einem respektvollen Umgang beitragen oder diesen eher behindern. Wenn sich Mitarbeitende beispielsweise bei ihrer Arbeit erschöpft fühlen oder unzufrieden sind, so ist es wahrscheinlich, dass sich dies negativ auf die Umgangsformen auswirkt (Blau & Andersson, 2005).

Impulsfragen:
- Wie werden Arbeitsbedingungen im Sinne von Prävention so gestaltet, dass ein respektvoller Umgang begünstigt wird?
- Wie gut werden Stressoren (z. B. starker Zeitdruck, sehr hohe Arbeitsauslastung) identifiziert und passende Maßnahmen ergriffen?

Beispiele:
- Psychische Gefährdungsbeurteilung professionell umsetzen
- Maßnahmen ergreifen, die Zusammenarbeit auf Augenhöhe fördern/Machtgefälle abbauen (z. B. Partizipationsmöglichkeiten schaffen; positives Diversitätsklima fördern, indem beispielsweise Angehörige von Minderheiten fairen Zugang zu Karriereschritten erfahren)
- Erkenntnisse zur Gestaltung gesundheitsförderlicher Führung nutzen (z. B. Franke, Felfe & Pundt, 2014)

3.2.3 Handlungsempfehlungen basierend auf Fairnesstheorien

Basierend auf den verschiedenen in Kapitel 2 behandelten Fairnesskonzepten (z. B. Colquitt et al., 2001; Nowakowski & Conlon, 2005; Siegrist & Wahrendorf, 2016) schlagen wir nachfolgend Ansatzpunkte zur Förderung von Wertschätzung durch die Geschäftsleitung vor.

Förderung von Wertschätzung auf organisationaler Ebene: Fairnessaspekte berücksichtigen

Organisationale Fairness (durch Regeln) fördern

Begründung: Verteilungsentscheidungen anhand für die Mitarbeitenden nachvollziehbarer Regeln zu treffen, ist ein wichtiger Beitrag zur Gestaltung von Fairness.

Impulsfragen:
- Wie kommt es zu Verteilungsentscheidungen? Wie klar sind die Regeln (vor allem Kriterien, Entscheidungswege) definiert und wie gut werden diese eingehalten?
- Wie transparent wird mit den definierten Standards umgegangen?
- Wie gut werden Verteilungsentscheidungen begründet?
- Als wie fair wird das Gehaltssystem wahrgenommen? Wie werden Anliegen/Veränderungsvorschläge hierzu aufgenommen und weiterverfolgt?

Beispiele:
- Regeln definieren, wovon es abhängt, welche Arbeitsausstattung Mitarbeitende bekommen (z. B. Smartphone, höhenverstellbarer Schreibtisch, Notebook)
- Leistungs- und Anerkennungsprämien basierend auf Kriterien
- Finanzielle Anerkennung von Mehrarbeit
- Regeln für die Förderung von Weiterbildungen definieren

Selbstausbeutung vermeiden

Begründung: Die Geschäftsleitung kann Einfluss darauf nehmen, ob Selbstausbeutungstendenzen von Mitarbeitenden verstärkt oder eher abgeschwächt werden.

Impulsfragen:
- Gibt es bestimmte Mitarbeitergruppen, bei denen Gratifikationskrisen mit Blick auf das Verhältnis von erlebten Anstrengungen und Belohnungen wahrscheinlich sind? Welche Verbesserungen sind möglich (z. B. Stressoren reduzieren, mehr immaterielle/materielle Anerkennung)?
- Wie stark fördern organisationale Rahmenbedingungen Selbstausbeutungstendenzen von Mitarbeitenden? Wie können diese Bedingungen verändert werden?

Beispiele:
- Führungskräften im Mittelmanagement ermöglichen, operative Aufgaben abzugeben, um ausreichend Zeit für ihre Führungsarbeit zu haben und so überlange Arbeitstage zu vermeiden
- Hindernisse, Störungen, Effizienzverluste etc. bei Arbeitsprozessen identifizieren und beheben, um so Stressoren zu reduzieren
- Die eigene Kommunikation kritisch hinterfragen: Wenn hohe Führungskräfte beispielsweise implizit oder explizit kommunizieren, dass die tägliche Arbeitszeit beliebig ausgeweitet werden kann, dann kann das für Mitarbeitende mit Selbstausbeutungstendenzen einen ungünstigen Rahmen schaffen.

3.2.4 Handlungsempfehlungen basierend auf Forschung zu Ratgeber- und Freundschaftsnetzwerken

Die Förderung von Ratgeber- und Freundschaftsnetzwerken setzt am Bedürfnis nach Zugehörigkeit und Anerkennung durch eine Gruppe an (z. B. Porter et al., 2019). Auch hier lassen sich einige weitere Empfehlungen ableiten.

Förderung von Wertschätzung auf organisationaler Ebene: Vernetzung der Mitarbeitenden begünstigen

Private Kontaktmöglichkeiten im Team fördern

Begründung: Gerade Freundschaftsnetzwerke scheinen für Arbeitszufriedenheit und auch Fluktuation besonders relevant zu sein.

Impulsfragen:
- Wie stark werden private Kontakte durch organisationale Rahmenbedingungen unterstützt?
- Wird dazu angeregt, dass Mitarbeitende sich auch in einem privaten Rahmen treffen und während der Arbeit über private Themen sprechen?

Beispiele:
- Finanzielle Förderung von Teamessen und Teamausflügen
- Räumliche Kontaktpunkte gestalten (z. B. Teeküche, Tischkicker, Sofaecken)
- Möglichkeiten für privaten Austausch im Arbeitsalltag einräumen

Formate zur Schaffung von Ratgebernetzwerken etablieren

Begründung: Auch Ratgebernetzwerke können für die Förderung von Arbeitszufriedenheit und die Vermeidung von Fluktuation hilfreich sein. Bereits im Rahmen der Einarbeitung kann das Signal gesendet werden, dass starke Vernetzungen innerhalb der Organisation explizit gewünscht sind und auch gefördert werden.

Impulsfragen:
- Wie können sich Mitarbeitende untereinander für fachlichen Austausch vernetzen?
- Durch welche Maßnahmen werden Mitarbeitende explizit zu Networking ermuntert? Sollte das verstärkt werden?

Beispiele:
- Unternehmensweite digitale Plattform zur Vernetzung von Kolleginnen und Kollegen mit gemeinsamen fachlichen Interessen
- Konzepte wie Pairing umsetzen, bei denen beispielsweise in der IT zwei Programmiererinnen zeitgleich gemeinsam an einer Programmierungsaufgabe arbeiten, wobei die eine programmiert und die andere Entwicklerin Anregungen gibt
- Im Rahmen der Einarbeitung Networking-Tage in anderen Unternehmensbereichen verankern
- Networking durch Paten- und Mentorenprogramme fördern

3.3 Leitlinien für wertschätzende Führung

In diesem Abschnitt skizzieren wir Eckpunkte wertschätzenden Führungsverhaltens durch die direkte Führungskraft. In vielen Organisationen sind Mitarbeitende Teil eines Teams mit einer Teamleiterin oder einem Teamleiter als direkter Führungskraft. Die hier beschriebenen Leitlinien beziehen sich in erster Linie auf die Führungspraxis dieser Führungskräfte.

3.3.1 Grundlegende Handlungsempfehlungen für wertschätzendes Führungsverhalten

In Tabelle 9 geben wir einen Überblick zu Ansatzpunkten für Teamleiterinnen und Teamleiter, die sich aus den Modellen und Studien in Kapitel 2 ableiten lassen und uns auf Basis der dargestellten Forschung für wertschätzende Führung besonders relevant erscheinen.

Tabelle 9: Empfehlungen für wertschätzendes Führungsverhalten (durch die direkte Führungskraft)

Empfehlungen	Beispiele
Führungskommunikation	
Abwertende Kommunikation vermeiden	• Mitarbeitende im Team nicht lächerlich machen • Erfolge von Mitarbeitenden nicht für sich als Führungskraft in Anspruch nehmen
Insbesondere beim Geben von Feedback mögliche Effekte auf den Selbstwert beachten	• Keine pauschalisierende Kritik • Immer wieder positives Feedback geben, z. B. für konkrete Erfolge, für besonderes Engagement, für Hilfsbereitschaft, für persönliche Verbesserungen
Die Beiträge von Mitarbeitenden anerkennen	• Durch persönliches Lob unter vier Augen • Durch anerkennende Worte in Teambesprechungen oder gegenüber höheren Führungsebenen
Interesse an den Mitarbeitenden zeigen	• Durch Fragen zur Arbeitszufriedenheit, zur Meinung bei bestimmten Themen, zu Hobbys • Durch Nahbarkeit und Erreichbarkeit
Mitarbeitende unterstützen	• Durch konstruktives Feedback, das auf Verbesserungen fokussiert • Durch die Wahrnehmung von Stärken und deren Förderung

Tabelle 9: Fortsetzung

Empfehlungen	Beispiele
Gestaltung von Aufgaben und Arbeitsbedingungen	
Die Übertragung illegitimer Aufgaben möglichst vermeiden	• Auf eine gute Passung von Aufgaben und Qualifikationen der Mitarbeitenden im Team achten • Mitarbeitende nach Weiterbildungen entsprechend einsetzen
Passende Entwicklungsmöglichkeiten zusammen erarbeiten und dabei insbesondere Enttäuschungen vermeiden	• Mitarbeitende dabei unterstützen, sich erreichbare Leistungs- und Karriereziele zu setzen • Entscheidungsspielräume gewähren
Sich um gute Arbeitsbedingungen für die Mitarbeitenden bemühen	• Für passende Arbeitsmittel sorgen • Nach anstrengenden Phasen regenerative Phasen ermöglichen
Fairness beachten	
Auf Fairness im Umgang mit den Mitarbeitenden achten, wobei es eine ganze Reihe an relevanten Fairnessthemen geben kann; Ungleichbehandlung bei den nebenstehend genannten Beispielen vermeiden	• Sich Zeit für die Mitarbeitenden nehmen • Mitarbeitende in ihrer Karriereentwicklung fördern • Mitarbeitende informieren • Rat einholen
Sich um faire Entscheidungsprozesse bemühen, Mitarbeitende in Entscheidungsprozesse einbinden und Entscheidungen gut begründen	• Gut begründen, warum eine Weiterbildung nicht genehmigt wird • Mitarbeitende bei der Verteilung neuer Aufgaben mit einbinden (Wer traut sich die Aufgabe zu? Wer hat Interesse daran? Wer kann das zeitlich unterbringen?)
Gut beobachten und auch thematisieren, wie Mitarbeitende das Verhältnis aus Anstrengung und Belohnung erleben und dabei vor allem auf Tendenzen zu Über-Commitment achten	• Hat ein Mitarbeiter einen zu hohen Qualitätsanspruch? • Fühlt sich ein Mitarbeiter durch zu viel Verantwortung überfordert?
Falsche Versprechungen vermeiden	• Einen Mitarbeiter nicht durch die Hoffnung auf einen Karriereschritt motivieren, im Wissen, dass die Eintrittswahrscheinlichkeit für den Karriereschritt sehr gering ist • Keine unrealistischen Gehaltssteigerungen in Aussicht stellen

Tabelle 9: Fortsetzung

Empfehlungen	Beispiele
Respektvollen Umgang fördern	
Verhaltensweisen, die die Machtdistanz zwischen Führungskraft und Mitarbeitenden betonen, eher vermeiden	• Mitarbeitende in Besprechungen ausreden lassen • Keine für bestimmte Mitarbeitende relevanten Entscheidungen über deren Köpfe hinweg treffen
Keine Toleranz gegenüber Unhöflichkeiten im Team	• Teammitglieder, die sich unhöflich verhalten, direkt unter vier Augen darauf ansprechen und darauf hinweisen, dass dieses Verhalten nicht toleriert wird • Sich selbst für unhöfliche Äußerungen bei Mitarbeitenden entschuldigen
Bei den Mitarbeitenden Offenheit für unterschiedliche Werte, Lebenssituationen und Lebensentwürfe fördern	• Durch Einladungen zum Perspektivwechsel • Durch das Schildern eigener Beispiele als Führungskraft
Netzwerkbildung fördern	
Den fachlichen Austausch im Team fördern	• Durch Tandembildung im Team • Durch gegenseitiges Training innerhalb des Teams
Durch gemeinsame Aktivitäten Freundschaftsnetzwerke im Team fördern	• Durch gemeinsame Frühstücks- oder Mittagspausen • Durch Teamausflüge
Gut beobachten, ob sich Teammitglieder womöglich ausgeschlossen fühlen und das Wohlfühlen im Team explizit thematisieren	• In der Phase der Einarbeitung am besten wöchentlich reflektieren • Neue Kolleginnen und Kollegen mit zur gemeinsamen Kaffeepause nehmen • Alle Kolleginnen und Kollegen fragen, ob sie mit zum Mittagessen gehen möchten
Erfolge gemeinsam im Team feiern	• Wenn wichtige Teamziele erreicht werden • Wenn jemand aus dem Team einen Karriereschritt erreicht (z. B. verbunden mit einem Geschenk des Teams)

Die Art des Umgangs mit den hierarchisch „schwächsten“ Teammitgliedern (z. B. Auszubildende, Praktikanten, Saisonkräfte, Aushilfen) kann ein besonders wichtiger Prüfstein für wertschätzendes Führungsverhalten sein: Wie wird mit den „schwächsten“ Teammitgliedern umgegangen? Werden sie beispielsweise gleich behandelt mit Blick auf die Arbeitsmittel, Pausenzeiten etc.?

Brun und Dugas (2008) beschreiben, warum es Führungskräften schwerfallen kann, ihren Mitarbeitenden Wertschätzung zu vermitteln. So nehmen sie an, dass Führungskräfte möglicherweise Kontrollverlust befürchten oder Beziehungen auf Augenhöhe mit ihren Mitarbeitenden als unpassend erleben würden. Auch könne die Anerkennung für Mitarbeitende als eigene Schwäche empfunden werden. Zudem mangele es Führungskräften an Zeit, dem notwendigen Wissen und den erforderlichen Kompetenzen für die Umsetzung wertschätzenden Führungsverhaltens. Solche möglichen Hindernisse bei der Umsetzung wertschätzenden Führungsverhaltens sollten in der Ausbildung und Beratung von Führungskräften Berücksichtigung finden. So kann in Trainings mit angehenden Führungskräften darüber gesprochen werden, wie wertschätzende Führung in der Praxis konkret aussehen kann und welche Vorteile damit einhergehen. Dabei halten wir es für hilfreich, wenn mit Rollenvorbildern aus der Organisation gearbeitet wird, beispielsweise indem eine Führungskraft, die diese Rolle bereits einige Zeit innehat, beschreibt, wie sie wertschätzend führt und weshalb. In simulierten Gesprächssituationen können wertschätzende Kommunikation ausprobiert und in einem geschützten Rahmen Erfahrungen zu wertschätzender Führung geteilt werden.

3.3.2 Abwertung vermeiden: Chancen etablierter Führungsansätze nutzen und potenzielle Risiken minimieren

In Abschnitt 2.6 haben wir beschrieben, welche möglichen Risiken mit etablierten Führungsansätzen für den Selbstwert von Beschäftigten einhergehen können. In diesem Abschnitt gehen wir darauf ein, wie diese potenziellen Risiken möglichst minimiert werden können, wenn der jeweilige Führungsansatz gewählt wird. Zur Veranschaulichung stellen wir jeweils ein positives und ein negatives Beispiel dar.

Aufgabenorientierung

Die erfolgreiche Bearbeitung von Aufgaben hat zur Voraussetzung, dass die Mitarbeitenden über die notwendigen Kompetenzen verfügen bzw. diese mit den Aufgaben weiterentwickeln. Dies mag trivial erscheinen. In der betrieblichen Praxis berichten Führungskräfte jedoch immer wieder von Mitarbeitenden, die durch das Aufkommen neuer Arbeitsmethoden und Technologien *abgehängt werden* oder vor einigen Jahren *stehen geblieben sind* und deshalb ihre Aufgaben nicht mehr erwartungsgemäß erledigen können. Solchen Entwicklungen muss frühzeitig entgegengewirkt werden. Dies mag ebenfalls trivial erscheinen, wird in der Praxis jedoch nicht immer angegangen. Wir empfehlen Aufgabenorientierung mit einer starken Lern- und Unterstützungsorientierung zu verknüpfen. Hierfür können sich Führungskräfte beispielsweise die folgenden Fragen stellen:

- Anhand welcher Kriterien bewerte ich die Kompetenzen meiner Mitarbeitenden?
- Welche Kompetenzen müssen weiterentwickelt werden, um die Arbeitsaufgaben langfristig erfolgreich bewältigen zu können? Wie kann dies geschehen? Wie kann ich meine Mitarbeitenden bei dieser Entwicklung unterstützen?
- Durch welche Lernformate können meine Mitarbeitenden effektiver und effizienter bei ihrer Arbeit werden (z.B. Tandembildung aus einem erfahrenen Teammitglied und einem Novizen, Trainings innerhalb des Teams, Trainingsangebote der Organisation, Vernetzung mit Experten innerhalb der Organisation, Feedbackprozesse)?

Aufgabenorientierte Führung: Praxisbeispiele

- *Positives Beispiel:* Eine Führungskraft bespricht mit jedem Teammitglied einmal pro Woche den aktuellen Stand der Aufgaben: Was ist alles erledigt worden? Was ist noch offen? Welche Hindernisse zeichnen sich ab? Was ist gemeinsam zu klären? Welche Verbesserungen bei der Aufgabenbearbeitung erscheinen mit Blick auf Effektivität und Effizienz sinnvoll? Die Mitarbeitenden nehmen das als starkes Interesse an ihrer Arbeit wahr: „Meine Führungskraft sieht, was ich tue und hat ein Interesse daran, dass ich erfolgreich bin."
- *Negatives Beispiel:* Eine Mitarbeiterin ist aufgrund privater Probleme aktuell nicht so leistungsstark und hat den Eindruck, dass ihre Führungskraft darauf keine Rücksicht nimmt. In Teambesprechungen wird viel über Ziele, Erfolge, den Stand der Aufgabenbearbeitung etc. gesprochen. Leistung steht ganz klar im Fokus. Es belastet die Mitarbeiterin, dass sie den Leistungserwartungen aktuell nicht gerecht werden kann und keine Rücksichtnahme erfährt: „Meine Führungskraft ist nur an meiner Leistung interessiert. Was mich privat belastet, spielt anscheinend keine Rolle."

Mitarbeiterorientierung

Die Berücksichtigung individueller Bedürfnisse und Rücksichtnahme, wie das bei starker Mitarbeiterorientierung der Fall ist, birgt immer auch das Risiko von erlebter Unfairness aus der Perspektive anderer Teammitglieder. Führungskräfte mit starker Mitarbeiterorientierung sollten ihr Führungsverhalten immer wieder unter Fairnessgesichtspunkten reflektieren:

- Wie ausführlich lege ich als Führungskraft die Gründe dar, wenn ich auf einzelne Teammitglieder in besonderer Weise Rücksicht nehme?
- Wie stark würdige ich es, wenn andere Teammitglieder durch Rücksichtnahme auf Kolleginnen und Kollegen mehr leisten müssen, auf etwas verzichten müssen etc.? Welche Formen materieller und immaterieller Anerkennung kann ich in diesen Fällen nutzen?
- Wie klar kommuniziere ich, dass womöglich jedes Teammitglied einmal in eine Situation kommt, in der besondere Rücksichtnahme geboten ist?

- Spreche ich in Mitarbeitergesprächen an, ob sich meine Teammitglieder fair behandelt fühlen?

Die Orientierung an individuellen Bedürfnissen erfordert auch den Blick auf die Bedürfnisse der anderen betroffenen Teammitglieder. Aushandlungsprozesse und ein Austarieren der verschiedenen Anliegen können immer wieder wichtig werden.

Mitarbeiterorientierte Führung: Praxisbeispiele

- *Positives Beispiel:* Eine Führungskraft fragt ihre Teammitglieder immer wieder um Rat und trifft viele Entscheidungen gemeinsam mit dem Team. Sie interessiert sich für individuelle Anliegen (z. B. Wunsch nach einer Weiterbildung, Nutzung von Homeoffice) und versucht diese (wo möglich) zu unterstützen. Die Teammitglieder nehmen das als starke Wertschätzung wahr: „Unsere Führungskraft interessiert sich für unsere Meinung. Unsere Führungskraft möchte unsere Fachkompetenz und unsere Erfahrungen für Entscheidungen nutzen. Wir können persönliche Anliegen offen ansprechen. Unsere Führungskraft sucht mit uns gemeinsam nach Lösungen dafür."
- *Negatives Beispiel:* Eine Führungskraft berücksichtigt bei der Verteilung neuer Arbeitsaufgaben, dass ein Mitarbeiter seine Eltern zu Hause pflegt und deshalb keine Überstunden leisten kann. So muss der Mitarbeiter beispielsweise auch keine Abendtermine wahrnehmen, die im Team immer wieder anfallen. Da die Führungskraft die Mitarbeitenden weder über ihre Beweggründe informiert, noch sie einbezieht, sehen mehrere Teammitglieder die Rücksichtnahme kritisch: „Bei mir wird erwartet, dass ich Überstunden leiste. Es ist unfair, dass nicht an alle die gleichen Erwartungen gestellt werden." Es ist der Führungskraft nicht gelungen, die verschiedenen Sichtweisen und Anliegen so auszutarieren, dass eine klare Mehrheit mit der Vorgehensweise gut leben kann.

Leader-Member-Exchange (LMX)

Führungskräfte, die enge, positive Beziehungen zu ihren Teammitgliedern aufbauen möchten, sollten allen ein ähnlich enges Beziehungsangebot machen (Felfe, 2009). Sehr wahrscheinlich wird dies von den Teammitgliedern in unterschiedlicher Weise angenommen, was zu unterschiedlich engen Beziehungen führen kann. Hilfreich erscheint uns, dies in der Rolle als Führungskraft regelmäßig selbstkritisch zu reflektieren:

- Signalisiere ich allen Mitarbeitenden Interesse in gleicher Weise (z. B. durch Fragen zur Arbeit und zu privaten Themen)?
- Wo könnte Unfairness aufgrund unterschiedlicher Beziehungsgestaltung entstehen (z. B. bei der Weitergabe von Informationen, bei der Einbindung in Entscheidungen, mit Blick auf die Gestaltung von Arbeitsbedingungen, bei Karriere-

entscheidungen)? Wie kann ich dem begegnen (z.B. wichtige Informationen für das gesamte Team immer in Teambesprechungen einbringen und nicht in privaten Gesprächen)?

Führung nach dem LMX-Ansatz: Praxisbeispiele

- *Positives Beispiel:* Eine Führungskraft gibt in Gesprächen mit ihren Mitarbeitenden auch Privates von sich preis, hat ein offenes Ohr für private Sorgen ihrer Teammitglieder und bemüht sich mit allen Mitarbeitenden um vertrauensvolle und enge Beziehungen. Sie überträgt den Teammitgliedern viel Verantwortung und ermöglicht ihnen dabei viel Autonomie. Die Mitarbeitenden fühlen sich dadurch in besonderer Weise wertgeschätzt: „Meine Führungskraft hat Interesse an mir als Mensch und nicht nur als Mitarbeiter. Wir können uns auf Augenhöhe begegnen. Ich erlebe viele Freiheiten bei meiner Arbeit."
- *Negatives Beispiel:* Eine Führungskraft macht allen Teammitgliedern ein enges Beziehungsangebot. Gleichzeitig gibt es Mitarbeitende im Team, die sich mehr Distanz wünschen. In der Folge droht die Entwicklung einer Ingroup mit Kolleginnen und Kollegen, die beispielsweise früher und umfassender Informationen von ihrer Führungskraft erhalten und stärker in Entscheidungen eingebunden werden. Dies erleben die Mitglieder der Outgroup als abwertend: „Weil wir nicht jeden Tag mit zum Mittagessen gehen, werden wir in Entscheidungen weniger eingebunden. Viele wichtige Themen werden bei einem Feierabendbier besprochen."

Transformationale Führung

Aus unserer Sicht sind Überlegungen zur Gestaltung von Fairness auch bei stark ausgeprägter transformationaler Führung wichtig. Hierzu geben wir nachfolgend einige Impulse zur selbstkritischen Reflexion in der Rolle als Führungskraft:

- Bewege ich Mitarbeitende durch mein Führungsverhalten dazu, sich in einer Weise einzubringen, die sie kurzfristig als positiv erleben, die jedoch langfristig ihrer Gesundheit schadet? Wer lässt sich beispielsweise durch begeisternde Visionen etc. vielleicht *zu stark* motivieren?
- Wer meiner Mitarbeitenden könnte anfällig für Gratifikationskrisen sein?
- Teilen alle Teammitglieder die gemeinsame Vision oder stößt sie teilweise auf Ablehnung?

Transformationale Führung: Praxisbeispiele

- *Positives Beispiel:* Eine Führungskraft treibt in ihrem Verantwortungsbereich die Entwicklung und Umsetzung neuer Ideen stark voran. Sie kommuniziert klare Vorstellungen davon, wie die Kunden mit neuen Dienstleistungen überzeugt werden können und wie mit neuen Ideen neue Kundenbranchen erschlossen werden können. Dabei bindet sie ihre Mitarbeitenden stark mit ein. Jede Idee ist willkommen. Es darf dabei ganz unkonventionell um die Ecke gedacht werden. Die Mitarbeitenden erleben in diesem Prozess viel Wertschätzung: „Wir haben das Gefühl an einer großen Sache mitzuarbeiten. Jeder ist mit seinen Beiträgen wichtig. Wir sind Innovationsführer. Unsere Wettbewerber orientieren sich an uns. Das macht uns stolz."

- *Negatives Beispiel:* Angeregt durch transformationales Führungsverhalten sind die meisten Mitarbeitenden bereit, sich in besonderer Weise für die Unternehmensziele zu engagieren (z. B. durch Bereitschaft zu Überstunden, durch besonderes Engagement). Einige Mitarbeitende sehen die Vision des Unternehmens jedoch kritisch und stehen den Erwartungen ihrer Führungskraft skeptisch gegenüber: „Dieses *immer besser, höher, schneller, weiter* möchte ich so nicht mitmachen. Das ist mir zu ambitioniert. Die Internationalisierungsstrategie ist für mich nicht nachvollziehbar. Ich sehe internationale Aktivitäten grundsätzlich kritisch, weil damit oft Warenflüsse einhergehen, die der Umwelt schaden. Meine persönlichen Werte und Sichtweisen finde ich in der Vision nicht wieder."

Transaktionale Führung

Damit transaktionales Führungsverhalten eine wertschätzende Wirkung entfalten kann, erscheint uns entscheidend, dass die Leistungsbeiträge angemessen bewertet werden:

- Was wird konkret an Beiträgen von den Mitarbeitenden erwartet?
- Anhand welcher Kriterien werden die erbrachten Beiträge bewertet?
- Bilden die Kriterien einen wesentlichen Teil der Beiträge ab?
- Wie wird mit externalen Einflüssen umgegangen, die die Leistungsbeiträge der Mitarbeitenden beeinflussen?

Wir vertiefen dieses Thema in Abschnitt 4.1.4. Gerade bei stark ausgeprägter transaktionaler Führung ist aus unserer Sicht die Frage relevant, wie Leistungsfeedback wertschätzend gegeben werden kann, insbesondere bei schlechter Leistung. Auf diesen Punkt gehen wir in Abschnitt 4.1.1 näher ein.

Transaktionale Führung: Praxisbeispiele

- *Positives Beispiel:* Die Gehaltssteigerungen in einer Organisation hängen im Wesentlichen von Leistungskriterien ab. Hierzu nimmt die Führungskraft eine Leistungsbeurteilung bezogen auf die letzten 12 Monate vor. Die Leistungskriterien sind allen Mitarbeitenden bekannt. Gehaltssteigerungen werden im Gespräch leistungsbezogen begründet. Die Beschäftigten nehmen wahr, dass sich gute Leistung positiv auf ihre Gehaltsentwicklung auswirkt: „Meine Führungskraft nimmt wahr, was ich leiste und honoriert meine Leistung."

- *Negatives Beispiel:* Ein Mitarbeiter hat in den letzten 12 Monaten seine Ziele nicht wie vereinbart erreichen können und erhält deshalb ausgelobte Leistungsprämien nicht. Gleichzeitig hat der Mitarbeiter den Eindruck, in bestimmten Bereichen tolle Leistungen erbracht zu haben, die allerdings nicht in seine Leistungsbeurteilung einfließen. Er fühlt sich mit seiner Leistung abgewertet: „Ich habe viele wertvolle Beiträge eingebracht, die in unserem System unter den Tisch fallen. Vieles was ich tue, wird einfach nicht gesehen."

3.3.3 Wertschätzendes Führungsverhalten in zwei typischen Führungskontexten: Besprechungen und E-Mail-Kommunikation

Wir haben in diesem Abschnitt diese zwei Führungssituationen ausgewählt, da E-Mail-Kommunikation und Meetings für viele Beschäftigte prägende Elemente ihres Arbeitstages sind und zudem über die Jahre an Relevanz gewonnen haben und weiter gewinnen (Kleinmann & König, 2018). Dabei geht es uns um die Frage, wie sich Wertschätzung in solchen typischen Arbeitssituationen verwirklichen lässt.

Besprechungen mit Mitarbeitenden

Die nachfolgend skizzierten Ansatzpunkte zielen darauf ab, dass sich Teammitglieder im Gespräch mit ihrer Führungskraft ernst genommen und hinsichtlich ihrer Arbeit anerkannt fühlen, dass ihnen das Gefühl vermittelt wird, dass mit ihrer Arbeitszeit wertvoll umgegangen wird und die Gespräche im Ergebnis für die Mitarbeitenden hilfreich sind.

Empfehlungen für Führungskräfte zur Gestaltung von Besprechungen

- Pünktlich beginnen/Teammitglieder nicht warten lassen und die Besprechung auch pünktlich beenden
- Themen gut auswählen: Was kann besser per E-Mail geklärt werden? Was ist nicht relevant und sollte gar nicht behandelt werden? (den Mitarbeitenden nicht mit „Belanglosigkeiten" ihre Arbeitszeit „stehlen")
- Mitarbeitende ausreden lassen, mit voller Aufmerksamkeit dabei sein (z.B. nicht parallel E-Mails bearbeiten)
- Teammitglieder nach ihren Vorschlägen/nach ihrer Meinung fragen

- Gemeinsam Lösungen erarbeiten/einen Dialog auf Augenhöhe gestalten
- Eigene Standpunkte infrage stellen/kritisch reflektieren
- Erfolge des Teams würdigen
- Informationen/Rückmeldungen verbindlich ins Team geben (z. B. angekündigte Rückmeldungen auch tatsächlich einbringen)

Führungskräfte sollten sich die Frage stellen, ob ihre Mitarbeitenden die Besprechungen als hilfreich erleben. Besser noch: Sie fragen direkt nach:
- Was hat dir unsere Besprechung gebracht?
- Konntest du alle Punkte ansprechen, die dir wichtig waren?
- Als wie effizient hast du unsere Besprechung erlebt?
- Was gefällt dir gut an unseren Besprechungen und sollte beibehalten werden?
- Welche Veränderungen in unserer Besprechungskultur wünscht du dir?

E-Mail-Kommunikation

E-Mails sind im Arbeitskontext ein wichtiger Kommunikationskanal, auch zwischen Führungskräften und Mitarbeitenden. Gerade wenn Teams immer seltener zusammen an einem Ort arbeiten, verlagert sich Interaktion von direkter Kommunikation in Präsenz auf andere Kanäle. Um wertschätzend per E-Mail zu kommunizieren, sollte auf die nachfolgend skizzierten Ansatzpunkte ein besonderes Augenmerk gelegt werden: Details können abwertend wirken, wenn beispielsweise in E-Mails die Anrede weggelassen wird oder die abschließende Grußformel. Wir empfehlen Führungskräften, sich auch per E-Mail bei ihren Mitarbeitenden zu bedanken, ihnen einen guten Tag zu wünschen, sich nach ihrem Befinden zu erkundigen.

Empfehlungen für Führungskräfte zur Gestaltung ihrer E-Mail-Kommunikation

- Nicht auf die Anrede verzichten, sondern Adressaten persönlich ansprechen
- Sachliche, höfliche Formulierungen wählen
- Ausreichend umfangreich, sodass Mitarbeitende die Intention der Führungskraft nicht aus wenigen Stichworten herausdeuten müssen
- Verständlichkeit der Inhalte klären (z. B. Welche Fragen hast du dazu noch? Welche Informationen benötigst du noch?)
- Zu konstruktiv-kritischem Mitdenken einladen (z. B. Was ist aus deiner Sicht noch zu beachten? Wie siehst du das Thema?)
- Gut abwägen, wer in CC gesetzt wird; beispielsweise bei Lob auch höhere Führungsebenen; bei kritischen Punkten möglichst nur die betroffene Person selbst

3.4 Leitlinien für wertschätzende Zusammenarbeit in Teams

Im Folgenden geht es um die Frage, wie Zusammenarbeit in Teams so gestaltet werden kann, dass unnötige Bedrohungen des Selbstwertes vermieden werden und der Selbstwert der Teammitglieder gefördert wird.

Selbstwertbedrohende Ereignisse werden sich in der Zusammenarbeit in Teams nicht gänzlich vermeiden lassen, beispielsweise wenn es Anlass für kritisches Feedback unter Kolleginnen und Kollegen gibt, oder wenn deutlich wird, dass eine Kollegin eine Aufgabe besser als andere bewältigen kann oder wenn sich die Idee eines Kollegen als nicht zielführend im Vergleich zu anderen Ideen herausstellt. Stellen wir uns beispielsweise vor, einem Verkäufer ist es wichtig, gute Kundenpräsentationen zu halten und er geht davon aus, dass ihm dies sehr gut gelingt. Nun erlebt er bei einem gemeinsamen Kundentermin mit einer Kollegin, dass diese aus seiner Sicht noch besser präsentieren kann als er selbst. Solche Ereignisse werden in der Regel als Bedrohung des Selbstwertes erlebt werden.

Gleichzeitig kann es in Teams zu einer ganzen Reihe an unnötigen Abwertungen kommen. Diese gilt es zu vermeiden und gleichzeitig wertschätzende Ereignisse zu fördern. Solche Beiträge zu mehr Wertschätzung können nicht nur von der obersten Führungsebene und den anderen Führungskräften kommen, sondern alle Mitglieder einer Organisation können in ihrer täglichen Arbeit zu einem wertschätzenden Miteinander beitragen. In Tabelle 10 geben wir einige Empfehlungen, die Kolleginnen und Kollegen konkret in ihren Teams ausprobieren können. Die Empfehlungen eignen sich auch für Führungskräfte, erscheinen uns jedoch besonders für Interaktionen unter Teammitgliedern sehr relevant, weil sie sich beispielsweise ein Büro teilen und deshalb gut wahrnehmen können, ob jemand soziale Unterstützung benötigt, oder weil sie bei der Arbeit an gemeinsamen Projekten viel Zeit miteinander verbringen.

Tabelle 10: Empfehlungen für Teammitglieder zur Förderung wertschätzender Zusammenarbeit im Team

Empfehlungen	Beispiele
Sich (immer wieder) im Team untereinander bedanken	• Für fachliche Unterstützung bei einer Aufgabe in der täglichen Zusammenarbeit • Für eine Urlaubsvertretung
Seinen Kolleginnen und Kollegen fachliche und emotionale Unterstützung anbieten	• Wenn ein Kollege mit einer Aufgabe stark gefordert zu sein scheint • Wenn eine Kollegin niedergeschlagen wirkt

Tabelle 10: Fortsetzung

Empfehlungen	Beispiele
Sich den Kolleginnen und Kollegen gegenüber zuverlässig verhalten	• Vermeiden, dass andere mit unfertigen Arbeitsergebnissen weiterarbeiten müssen, Fehler ausbügeln müssen, unter Zeitverzögerungen leiden müssen • An andere für sie relevante Informationen weitergeben
Peer-Feedback praktizieren	• Sich gegenseitig im Team Feedback geben (z.B. zur Qualität der Zusammenarbeit) • Konkreter nachfragen, wenn eine Kollegin eine konträre Meinung einbringt und versuchen, die Argumente nachzuvollziehen
Dafür Sorge tragen, dass die Arbeitszeit von Kolleginnen und Kollegen nicht verschwendet wird	• Akzeptieren, wenn ein Kollege nicht gestört werden möchte • Andere bei Besprechungen nicht warten lassen
Unterschiedliche Rollen/Aufgabengebiete der Teammitglieder beachten	• Kolleginnen und Kollegen bei Themen, die ihr Aufgabengebiet betreffen, involvieren • Anfragen an die zuständigen Personen weitergeben
Würdigung von Kolleginnen und Kollegen, die das Team verlassen (z.B. beim Eintritt in die Rente, bei Fluktuation, bei Mutterschutz/Elternzeit)	• Gemeinsames Teamgeschenk für Kolleginnen und Kollegen, die in Rente gehen • Persönliche Worte/Briefe aus dem Team an Kolleginnen und Kollegen, die das Team verlassen

Die Empfehlungen aus Tabelle 10 sind für die tägliche Arbeit gedacht: Es reicht nicht, sich einmal im Jahr an Weihnachten bei seinen Kolleginnen und Kollegen für die gute Zusammenarbeit zu bedanken; es ist zu wenig, anderen alle paar Monate einmal Hilfe anzubieten; es wäre schade, seinen Kolleginnen und Kollegen nur einmal im Leben nach Besuch eines entsprechenden Trainings wertschätzendes Feedback zu geben.

4 Vorgehen

In diesem Kapitel steht die Beschreibung verschiedener Interventionsmethoden im Mittelpunkt. Ergänzend wird in einem deutlich kürzeren zweiten Teil auf einige mögliche Probleme bei der Umsetzung in die Praxis eingegangen. Die Interventionsmethoden sind eng verzahnt mit den grundsätzlichen Überlegungen aus Kapitel 3 sowie den Modellen und Forschungsbefunden aus Kapitel 2.

4.1 Darstellung der Interventionsmethoden

Wir stellen zunächst zwei Interventionsmethoden vor, bei denen es um wertschätzendes Feedback und die Vermeidung illegitimer Aufgaben geht. Hierzu können insbesondere die direkten Führungskräfte einen wichtigen Beitrag leisten. Im Anschluss gehen wir auf einen respektvollen Umgang im Team ein. Damit rücken das Team und die Beiträge aller Teammitglieder in den Fokus. In den letzten beiden Abschnitten geht es um die Gestaltung von Fairness bei Leistungsbeurteilungen und um die Förderung von Freundschafts- und Ratgebernetzwerken. Beides betrachten wir vor allem aus einer organisationalen Perspektive. Somit stellen wir Ansätze vor, die sich auf alle drei Ebenen beziehen: die direkten Führungskräfte, das Team und die Organisation.

4.1.1 Wertschätzend Feedback geben

Das Geben von Feedback wird als besonders relevant und gleichzeitig als besonders heikel beschrieben (Semmer & Jacobshagen, 2010, S. 41): „Feedback, vor allem negatives Feedback, gehört daher zu den schwierigsten – und oft folgenreichsten – Aspekten betrieblicher Kommunikation im Allgemeinen und des Führungshandelns im Besonderen."

Bedrohungen des Selbstwertes sind sehr wahrscheinlich, wenn kritisches Feedback gegeben wird. Dabei wird die abwertende Wirkung vom Feedbackgeber in der Regel nicht gewünscht. Soll also nur positiv verstärkendes Feedback gegeben werden? Im Arbeitskontext wird das nicht möglich sein. Es ist sogar davon auszugehen, dass Führungskräfte oder auch Kolleginnen und Kollegen untereinander eher mehr Mut zu konstruktiv-kritischem Feedback bräuchten, da dieses eher vermieden wird (Semmer & Jacobshagen, 2010). Wie kann Feedback nun so gegeben werden, dass die gewünschten Verhaltensänderungen initiiert und gleichzeitig Bedrohungen des Selbstwertes minimiert werden?

Bevor wir grundlegende Empfehlungen für kritische Feedbackgespräche geben, beschreiben wir in diesem Abschnitt zunächst einige typische, kritische Feedbacksituationen im Arbeitskontext (siehe Kasten). Am Ende dieses Abschnitts kommen wir noch einmal auf drei konkrete kritische Feedbacksituationen (Leistungsprobleme, kritikwürdiges Verhalten, fehlende Eignung für eine Stelle) zurück, illustrieren diese anhand von Beispielen und geben Handlungsempfehlungen. Außerdem gehen wir abschließend exemplarisch auf den Umgang mit negativer Leistungsbeurteilung im Coaching ein.

Kritische Feedbacksituationen im Arbeitskontext

- Wie können *Leistungsdefizite* (z. B. angestrebte Verhandlungsziele werden nicht erreicht) und *kritikwürdiges Verhalten* (z. B. Unpünktlichkeit bei Besprechungen) angesprochen werden – insbesondere, wenn Leistungsdefizite anhalten und kritikwürdiges Verhalten wiederholt auftritt?
- Wie können Mitarbeitende unterstützt werden, die *Misserfolge* erleben, oder die wahrnehmen, dass sie im *Vergleich mit anderen* schlechtere Leistungen erbringen (z. B. Kolleginnen und Kollegen erhalten positiveres Feedback von Kunden)?
- Wie können Führungskräfte es ansprechen, wenn sie einen *Mitarbeiter* für eine Aufgabe oder insgesamt *auf seiner Position* für *ungeeignet* halten? Gerade diese Situation kann den Selbstwert von Beschäftigten massiv bedrohen und gleichzeitig kann es beispielsweise für die Qualität der Arbeit, für die Sicherheit von Kolleginnen und Kollegen etc. elementar sein, das Thema anzugehen.

Nachfolgend arbeiten wir einige grundlegende Prinzipien für Feedbackgespräche heraus, die auch für weniger kritische Situationen hilfreich sein sollten. Ergänzend zu Modellen aus Kapitel 2 nutzen wir die folgenden Forschungsarbeiten zum Geben von Feedback:

- Baron (1988) versteht unter abwertendem Feedback, dass Feedback pauschal, unfreundlich und mit Drohungen verknüpft gegeben wird und dass Fehler auf Ursachen innerhalb der Person bezogen werden.
- Merriman (2017) betont die Relevanz von Feedback, das auf die Förderung des Kompetenzerlebens ausgerichtet ist (z. B. „Das Feedback meiner Führungskraft gibt mir oft das Gefühl, dass ich einen guten Job mache.“).
- Fong, Patall, Vasquez und Stautberg (2019) arbeiten heraus, wie negatives Feedback so gegeben werden kann, dass negative Effekte auf die intrinsische Motivation gemindert werden können: (1) Negatives Feedback mit konkreten Anregungen zur Verbesserung verknüpfen, (2) Signalisieren, dass man als Feedbackgeber hohe Erwartungen an die Person hat und ihr zutraut, sich zu verbessern, (3) Eher Anregungen geben („probiere das mal so aus“) als Anweisungen („du musst das so machen“), (4) Feedback persönlich geben, (5) Feedback eher als persönliche Lernchance darstellen und nicht als einen Wettbewerb mit anderen.

Die im Kasten dargestellten Empfehlungen für kritische Feedbackgespräche können für Feedback durch Führungskräfte, allerdings auch für Peer-Feedback unter Kolleginnen und Kollegen und gegenüber anderen Personen (z. B. Geschäftspartner) genutzt werden. Wir erläutern die verschiedenen Prinzipien jeweils exemplarisch aus der Perspektive einer Führungskraft. Wichtige Aspekte sind auf der beiliegenden Karte „Kritisches Feedback wertschätzend geben“ zusammengefasst. In Kapitel 5 geben wir ein Fallbeispiel zu Peer-Feedback (siehe Abschnitt 5.3).

Grundlegende Empfehlungen für kritische Feedbackgespräche

Angemessenes Feedback geben

(vgl. Baron, 1988; Kluger & DeNisi, 1996; Semmer & Jacobshagen, 2010)

Beschreibung: Beim Geben von Feedback sollte auf relevante Punkte fokussiert werden, die für die Qualität der Arbeit, für die Arbeitseffizienz, für gelingende Zusammenarbeit etc. wesentlich sind. Wird auf randständige Details eingegangen, so kann das Feedback leicht als unangemessen und unfair wahrgenommen werden. Unnötiges Feedback sollte unbedingt vermieden werden.

Insbesondere, wenn es um Fragen des persönlichen Geschmacks geht, sollten Führungskräfte gut abwägen, ob sie eine Korrektur einfordern: Handelt es sich wirklich um einen relevanten Punkt, der beispielsweise von Kunden negativ wahrgenommen werden kann?

Beispiel: Ein Mitarbeiter hat in einem internen Bericht für seine Führungskraft vereinzelte Kommafehler und auf einer Seite einen grundlegenden Sachverhalt falsch dargestellt.

- Unangemessenes Feedback: „Also, die Kommasetzung ist wirklich schlecht. Was hattest du denn in Deutsch? Außerdem ist ein wesentlicher Sachverhalt völlig falsch dargestellt. Das musst du nochmal schreiben.“
- Angemessenes Feedback: „Der Bericht ist dir in weiten Teilen gut gelungen. Vielen Dank dafür. Eine Änderung ist mir sehr wichtig: der Sachverhalt auf Seite 4 ist falsch beschrieben. Da bitte ich dich, das noch zu korrigieren.“

Spezifisches Feedback geben

(vgl. Baron, 1988; Kluger & DeNisi, 1996; Semmer & Jacobshagen, 2010)

Beschreibung: Was konkret ist kritikwürdig? Bei welchem konkreten Verhalten wünsche ich mir eine Veränderung? Was wünsche ich mir konkret? Es geht darum, spezifische Punkte möglichst verhaltensnah zu benennen und Pauschalisierungen zu vermeiden. Ebenso sollte auch positives Feedback konkret gegeben werden.

Beispiel: Eine Mitarbeiterin hat in einem Bericht für einen Kunden 5 Tippfehler übersehen. Besonders anschaulich sind ihr die Grafiken gelungen.

- Pauschalisierendes Feedback: „Der Bericht ist schlecht. Den musst du überarbeiten. Deine Grafiken kannst du so lassen.“

- Spezifisches Feedback: „Sehr anschaulich finde ich deine Grafiken. Es gefällt mir gut, dass du für jedes Thema eine separate Grafik erstellt und dich dabei auf die Darstellung der Hauptergebnisse konzentriert hast. Mir sind 5 Tippfehler aufgefallen, die ich markiert habe. Ich bin dir dankbar, wenn du die Fehler noch korrigierst."

Erläuterungen: Die pauschale Aussage „Der Bericht ist schlecht" wertet die gesamte Arbeit der Mitarbeiterin ab. Womöglich hat die Mitarbeiterin viel Zeit in die Erstellung des Berichtes investiert oder hält sich für eine gute Texterin. Je wichtiger das Schreiben von Texten für das berufliche Selbstkonzept der Mitarbeiterin ist, umso stärker trifft sie die abwertende Wirkung des Feedbacks. Womöglich findet die Führungskraft, dass der Bericht gut formuliert ist und ärgert sich lediglich über die 5 Tippfehler. Eine pauschale Kritik ist in der Regel unangemessen. Kritisches Feedback sollte vielmehr minimal-invasiv sein: so spezifisch wie möglich auf den kritischen Punkt gerichtet.

Beim Verhalten bleiben und vorschnelle Interpretationen vermeiden
(vgl. Baron, 1988; Kluger & DeNisi, 1996; Semmer & Jacobshagen, 2010)

Beschreibung: Vor allem vorschnelle Attributionen (= Ursachenzuschreibungen) auf Persönlichkeitseigenschaften oder unveränderbare Fähigkeiten sollten vermieden werden. Insgesamt sollte mit Interpretationen sehr vorsichtig umgegangen werden, insbesondere mit Interpretationen, die für das Selbstbild der betroffenen Person relevant sind. Leistungsdefizite oder kritikwürdiges Verhalten können vielfältige Ursachen haben. Die vorschnelle Attribution auf unveränderliche Merkmale der Mitarbeitenden kann den Blick auf Lösungen verstellen. Dabei soll nicht grundsätzlich negiert werden, dass die Ursachen auch bei unveränderlichen Merkmalen liegen können.

Beispiel: Ein Mitarbeiter sortiert Ware falsch ein.

- Vorschnelle Zuschreibung: „Du bist für diese Arbeit nicht gewissenhaft genug."
- Beim Verhalten bleiben: „Du hast die Ware falsch einsortiert. Woran kann das liegen?"

Es kann unterschiedliche Gründe geben: der Mitarbeiter kennt die Sortierregeln nicht gut genug, der Mitarbeiter wurde durch Lärm abgelenkt, der Mitarbeiter arbeitet aufgrund von Schlafmangel nicht konzentriert genug ...

Erläuterungen: Zu wertschätzendem Führungsverhalten gehört das Zeigen von Interesse (van Quaquebeke & Eckloff, 2010). Das kann auch auf kritikwürdiges Verhalten bezogen werden: Interessiert sich eine Führungskraft für mögliche Ursachen? Interesse an den Mitarbeitenden bedeutet in solchen Fällen, genau hinzuschauen und nachzufragen: Sind der betroffenen Person ihre Fehler bewusst? Welche Ursachen sieht die Person? Gibt es Wissenslücken, die geschlossen werden können? Was fehlt womöglich an Unterstützung, um korrekt arbeiten zu können?

Systemische Aspekte beachten und würdigen
(vgl. Semmer & Jacobshagen, 2010)

Beschreibung: Systembedingungen können das Auftreten von kritikwürdigem Verhalten begünstigen. Durch die Beachtung externaler Gründe soll kritikwürdiges Verhalten nicht gänzlich entschuldigt, aber deutlich gemacht werden, dass Ursachen außerhalb der betroffenen Person auch gesehen und gewürdigt werden. Auch bei der Suche nach Lösungen bietet sich ein Blick auf Systembedingungen an.

Beispiel: Eine Mitarbeiterin behandelt einen Kunden schroff am Telefon.
- Systemische Aspekte werden nicht einbezogen: „Kunden müssen immer freundlich behandelt werden. Es ist unverzeihlich, wenn Mitarbeitende sich schroff gegenüber Kunden verhalten. So ein Verhalten dulde ich nicht."
- Würdigung systemischer Aspekte: „Es ist sehr wichtig, mit unseren Kunden freundlich umzugehen. Gleichzeitig habe ich Verständnis, dass das bei diesem Kunden sehr schwierig ist, weil er sehr hohe Anforderungen an uns als Unternehmen stellt. Wie kann es dir gelingen, mit solchen Situationen gut umzugehen? Wie kann ich dich dabei unterstützen?"

Erläuterungen: Wird die Verantwortung für Leistungsdefizite oder kritikwürdiges Verhalten ausschließlich den Mitarbeitenden zugeschrieben, so ist anzunehmen, dass das den Selbstwert stark gefährdet. Die Botschaft lautet dann: „Du allein hättest das verhindern können. Einer guten Mitarbeiterin passiert so etwas nicht." Es ist sehr wahrscheinlich, dass die Mitarbeiterin Scham erlebt; insbesondere wenn die Botschaft vermittelt wird, dass der Fehler doch leicht zu vermeiden gewesen wäre.

Werden systemische Aspekte beachtet, so kann die Führungskraft das kritische Verhalten klar benennen und signalisiert gleichzeitig, dass sie nachvollziehen kann, dass Gespräche mit sehr fordernden Kunden eine große Herausforderung sein können. Der Mitarbeiterin wird damit angeboten, sich und anderen das Fehlverhalten einzugestehen, weil es grundsätzlich nachvollziehbar ist, dass das Fehlverhalten auftreten kann und womöglich auch anderen passieren könnte. Gleichzeitig bleibt die Botschaft klar, dass die Führungskraft eine Verhaltensänderung erwartet, bietet dazu allerdings auch ihre Unterstützung an.

Erwartungen und Wünsche statt Vorwürfe äußern
(vgl. Baron, 1988)

Beschreibung: Eine Führungskraft hat berechtigte Erwartungen an die Mitarbeitenden. Diese sollten klar benannt werden, ohne dabei Vorwürfe zu machen. Dabei kann helfen, Erwartungen in einer entspannten Stimmungslage anzusprechen und nicht, wenn einer oder beide Gesprächspartner gerade Anspannung, Ärger, Neid oder ähnliche Emotionen erleben.

Beispiel: Ein Mitarbeiter kommt zu Besprechungen wiederholt zu spät.

- Vorwurf: „Warum kriegst du es nicht auf die Kette, zu unseren Besprechungen pünktlich zu sein? Das kann unser Azubi in der ersten Woche."
- Erwartung/Wunsch: „Es ist mir wichtig, dass wir mit unseren Besprechungen pünktlich beginnen und nicht aufeinander warten müssen. Deshalb bitte ich dich, pünktlich zu sein."

Erläuterungen: Je nach Tonfall kann die Frage im Beispiel als sehr starker Vorwurf wahrgenommen werden. Wir verstärken den Effekt durch den abwertenden Vergleich mit einem Auszubildenden. Wenn Führungskräfte einen erfahrenen Mitarbeiter mit Anfängern oder gar Kindern vergleichen, so entstehen stark abwertende Botschaften: „Das könnte meine Tochter aber besser ausrechnen als du, und die ist in der zweiten Klasse." Es wird signalisiert, dass einem normalen Mitarbeiter so ein Fehler nun wirklich nicht passieren darf.

Besser ist es, seine Erwartungen zu formulieren und auf Übertreibungen und abwertende Vergleiche gänzlich zu verzichten, wobei die gewählte Formulierung mit Blick auf die Nachdrücklichkeit variieren kann: „Ich bitte dich darum, dass du ...", „Ich wünsche mir von dir, dass du ...", „Mir ist wichtig, dass du ..." oder „Ich erwarte von dir, dass du ...". Auch in diesem Kontext ist es wichtig, sich für die Sichtweise der Mitarbeitenden und die Ursachen aus ihrer Perspektive zu interessieren.

Begründungen vorsichtig dosieren
(vgl. Semmer & Jacobshagen, 2010)

Beschreibung: Es ist gut, kritische Punkte konkret zu benennen und anhand von Beispielen zu verdeutlichen. Allerdings sollten nur so viele Argumente und Beispiele aufgezeigt werden, wie dies für das Verständnis des Gesprächspartners notwendig ist. Hat der Feedbacknehmer den Sachverhalt verstanden, sind keine weiteren Begründungen mehr zu nennen. Semmer und Jacobshagen (2010) sprechen von der Gefahr des „Overkills" (S. 43).

Beispiel: Eine Verkäuferin stellt im Kundengespräch zu viele geschlossene Fragen.

- Starke Dosierung: „In den Gesprächen mit deinen Kunden kannst du ruhig noch mehr offene Fragen stellen. Du verwendest sehr viele geschlossene Fragen. Ich habe mir da aus dem letzten Gespräch 12 geschlossene Fragen notiert, und zwar ..."
- Ausreichende Dosierung: „In den Gesprächen mit deinen Kunden kannst du ruhig noch mehr offene Fragen stellen. Du verwendest verschiedene geschlossene Fragen, wie beispielsweise „Haben Sie noch Fragen?". Besser wäre: „Welche Fragen haben Sie noch?"

Kombination von positivem und kritischem Feedback
(vgl. Semmer & Jacobshagen, 2010)

Beschreibung: Angemessenes Feedback sollte aus einer Würdigung positiver Punkte bestehen und aus Anregungen zur Verbesserung. So kann passendes Verhalten verstärkt und das Verhaltensrepertoire um weitere wichtige Verhaltensweisen ergänzt werden. Eine Fokussierung allein auf kritische Punkte sollte vermieden werden. Gerade am Ende eines Feedbackgesprächs sollte nochmals auf positive Aspekte geschaut werden.

Beispiel: Ein Mitarbeiter stellt in einem Kundengespräch viele gute Fragen, präsentiert die richtigen Fakten, versäumt es jedoch, am Ende die Gesprächsergebnisse zusammenzufassen.

- Ausschließlich kritisches Feedback: „Du hast vergessen, am Ende die Ergebnisse zusammenzufassen. Es ist wichtig, dass du das am Ende immer noch machst."
- Kombination von positivem und kritischem Feedback: „Mir hat sehr gut gefallen, dass du viele gute Fragen gestellt und die passenden Fakten präsentiert hast. Wichtig ist noch, dass du in den kommenden Gesprächen am Ende die Gesprächsergebnisse zusammenfasst. Behalte dir ansonsten dein Vorgehen so bei! Du bist da auf einem guten Weg!"

Erläuterungen: Wird lediglich auf kritikwürdiges Verhalten fokussiert, wird dies der Mitarbeiter als unfair erleben mit negativen Konsequenzen für die erlebte Wertschätzung. Da es leicht passieren kann, dass ausführlicher über negatives Feedback gesprochen wird, weil es womöglich Nachfragen gibt und sich eine längere Diskussion dazu entwickelt, ist es umso wichtiger, die positiven Aspekte stark zu gewichten. Die positiven Aspekte müssen sich dabei nicht auf den gleichen Sachverhalt beziehen (Semmer & Jacobshagen, 2010).

Fokus auf Lösungen und Verbesserungen
(vgl. Kluger & DeNisi, 1996; Merriman, 2017; Fong et al., 2019)

Beschreibung: Was will ich als Feedbackgeber erreichen? Verhaltensänderungen beim Feedbacknehmer initiieren, Selbstreflexion anregen, Lösungen zusammen erarbeiten, unterschiedliche Sichtweisen klären ... Die Art des Feedbackgebens sollte an den intendierten Wirkungen ausgerichtet werden. Dabei sollten vorhandene Stärken des Feedbacknehmers gewürdigt und genutzt werden.

Beispiel: Eine Mitarbeiterin arbeitet in einem aktuellen Projekt sehr ineffizient.

- Fokus auf Problembeschreibung: „Ich nehme wahr, dass du recht ineffizient arbeitest. So können wir unsere Teamziele nicht zeitgerecht erreichen. Du hältst unseren ganzen Betrieb auf. Das muss besser werden."
- Fokus auf Lösungen und Verbesserungen: „Ich habe den Eindruck, dass du in deinem aktuellen Projekt noch effizienter arbeiten könntest. Ich mache das an den folgenden Punkten fest ... Was ist deine Sichtweise dazu? Was

hast du schon probiert, um effizienter arbeiten zu können? Ich erinnere mich an dein letztes Projekt, das du sehr effizient bearbeitet hast. Was war da anders als beim aktuellen Projekt? Was möchtest du gerne noch ausprobieren? Was hältst du von der folgenden Idee ...?"

Erläuterungen: Feedback kann auch weniger günstige Funktionen erfüllen: Der Feedbackgeber will sich selbst gegenüber dem Feedbacknehmer aufwerten, was sich beispielsweise in der folgenden Äußerung zeigen kann: „Gut, dass mir das noch aufgefallen ist, so konnte ich die Situation noch für uns retten. Beim nächsten Mal achte bitte darauf, dass ..." Oder Feedbackgespräche werden dazu genutzt, ausschließlich positives Feedback zu geben, um beim Feedbacknehmer positive Reaktionen auszulösen; kritikwürdiges Verhalten wird dabei ausgeblendet. Das Verfolgen solcher Ziele ist nachvollziehbar, aber wenig hilfreich, um Verbesserungen anzustoßen. Gerade Führungskräfte sollten sich die Frage stellen, wie sie das Feedback bezogen auf die Ziele funktional gestalten.

Nachfolgend gehen wir genauer auf drei besonders sensible Situationen (vgl. den Kasten „Kritische Feedbacksituationen im Arbeitskontext" auf S. 77) ein, wobei wir die vorgestellten grundlegenden Prinzipien darauf anwenden und situationsbezogen ergänzen.

Feedbackgespräche mit Mitarbeitenden führen, die wahrnehmen, dass sie schlechtere Leistungen erbringen als andere und unter diesen Vergleichen mit anderen leiden

Beispiel

Stellen Sie sich vor, Sie arbeiten als Führungskraft im Einkauf eines Handelsunternehmens und stellen fest, dass ein Mitarbeiter immer wieder schlechtere Leistungen erzielt als seine Kolleginnen und Kollegen. Da alle zusammen in einem Büro sitzen und sich die Arbeit zudem in konkreten Zahlen widerspiegelt, ist dies Ihrem Mitarbeiter bewusst: Seinen Kolleginnen und Kollegen gelingt es immer wieder, bei Lieferanten bessere Einkaufskonditionen zu verhandeln und eine größere Anzahl an alternativen Lieferquellen zu erschließen. Sie haben den Eindruck, dass es Ihrem Mitarbeiter sehr wichtig wäre, bessere Ergebnisse zu erzielen und dass er sich auch anstrengt, um dies zu erreichen.

- Handlungsempfehlungen

Verschiedene Arten von Leistung betrachten. Aus unserer Sicht sollte der Leistungsbegriff nicht zu eng gefasst werden und beispielsweise die Leistungsbeurteilung von Mitarbeitenden nicht auf ein oder zwei Kennzahlen reduziert werden, die sich womöglich leicht erheben lassen. Leistungsbeurteilungen sollten möglichst alle für eine Stelle relevanten Leistungsaspekte umfassen (Semmer & Jacobshagen, 2010). Es kann vielfältige Leistungsaspekte geben, die Anerkennung verdienen (vgl. auch Abschnitt 4.1.4):

- individuelle Verbesserungen, auch wenn das Leistungsniveau von anderen (noch) nicht erreicht wird
- Beiträge, die über die Kernaufgaben hinausgehen (z. B. die Übernahme einer Ausbilderfunktion, Mitarbeit in Projekten, das Einbringen von Verbesserungsvorschlägen)
- positive Beiträge zum Teamklima (z. B. ausgeprägte Hilfsbereitschaft, freiwillige Übernahme von Aufgaben) etc.

Werden Leistungen von Mitarbeitenden differenziert betrachtet, so ist es möglich, dass ein Mitarbeiter zwar in bestimmten Bereichen Leistungsdefizite bei sich wahrnimmt, aber gleichzeitig auch Anerkennung für andere Leistungen erfahren kann. Gerade bei Leistungsbeurteilungen ist es für Führungskräfte wichtig, dass nicht ausgehend von einzelnen Erfolgen oder Misserfolgen generalisiert wird. Womöglich arbeitet der Mitarbeiter im o. g. Beispiel sehr gut mit den Kolleginnen und Kollegen der Logistik zusammen, verhält sich sehr hilfsbereit und arbeitet sehr effizient mit der Einkaufssoftware. Solche Leistungen sollten gewürdigt werden.

Internale und externale Gründe einbeziehen. Neben internalen Gründen für Misserfolge (z. B. schlechte Vorbereitung des Einkäufers auf Verhandlungssituationen) kann es auch externale Gründen geben (z. B. Lieferant hat eine Monopolstellung am Markt und damit viel Verhandlungsmacht), die einbezogen werden sollten: Was hat den Erfolg von außen behindert? Gerade für Mitarbeitende, die stark unter Misserfolgen leiden, kann es entlastend sein, wenn Führungskräfte von sich aus externale Faktoren in Feedbackgespräche mit einbringen.

Misserfolge nutzbar machen. Werden Leistungsziele nicht erreicht, so kann das von Führungskräften als Versagen, als Katastrophe, als Beleg für die Unfähigkeit von Mitarbeitenden etc. aufgefasst werden. Es ist denkbar, dass Führungskräfte den Selbstwert von Mitarbeitenden, der durch das Erleben von Misserfolgen stark bedroht wird, durch ihr Feedback noch mehr bedrohen. Eine Alternative in Feedbackgesprächen kann sein, die Misserfolge nutzbar zu machen:

- „Wenn das Ziel auch nicht vollständig erreicht wurde, welche Teilerfolge konntest du erzielen? Was ist dir gut gelungen?“
- „Was hast du gelernt für zukünftige, ähnliche Aufgaben?“

So gibt es beispielsweise Unternehmen, in denen Beschäftigte in Veranstaltungen (z. B. „Fuck-Up-Night“) über Fehler und Misserfolge offen sprechen und darstellen, was sie daraus gelernt haben. Misserfolge werden dann als wichtige Voraussetzungen für Lernprozesse und zukünftige Erfolge aufgefasst und so nutzbar gemacht.

Für Führungskräfte ist wichtig, genau zu analysieren, ob Mitarbeitende in ihrem Verantwortungsbereich betroffen sein könnten:

- Haben meine Mitarbeitenden die Möglichkeit zu erkennen, wie erfolgreich sie arbeiten?
- Habe ich Mitarbeitende in meinem Verantwortungsbereich, die deutlich geringere Erfolge als andere erzielen?
- Gibt es Mitarbeitende, die erkennbar häufiger Anerkennung erfahren als andere (z.B. durch Geschäftspartner, durch mich als Führungskraft)?
- Wie stark greife ich das Thema in Mitarbeitergesprächen auf, beispielweise durch gezielte Fragen: Welche Erfolge hast du im letzten Jahr erlebt? Wie zufrieden bist du mit deiner Leistung?

Feedbackgespräche mit Mitarbeitenden führen, die anhaltende Leistungsdefizite oder wiederholt kritikwürdiges Verhalten zeigen, dies allerdings nicht so wahrnehmen

Beispiel

Stellen Sie sich vor, Sie sind Führungskraft im Vertrieb und haben in Ihrem Team eine Verkäuferin, die seit vielen Monaten ihre Leistungsziele nicht erreicht (z.B. weniger Kunden besucht als anvisiert, weniger Anfragen von Kunden erhält als andere) und wiederholt durch kritikwürdiges Verhalten auffällt (z.B. zu spät zu Teambesprechungen erscheint, vereinbarte Aufgaben nicht fristgerecht erledigt). Sie haben die Themen frühzeitig und wiederholt angesprochen, sehen jedoch keine Verbesserung. Externale Gründe haben Sie gut mit Ihrer Mitarbeiterin geklärt und konnten keine wesentlichen externalen Hindernisse erkennen. Bislang haben Sie mündliche Hinweise gegeben und auch schon schriftlich in E-Mails auf einzelne Punkte hingewiesen. Ohne Wirkung.

• Handlungsempfehlungen

Wir empfehlen, solche Themen nicht auf die lange Bank zu schieben in der vagen Hoffnung, dass sich die Probleme schon auflösen werden oder aus Rücksichtnahme die kritisierten Punkte nicht mehr anzusprechen. Stattdessen empfehlen wir das folgende Vorgehen:

Feedback klar ansprechen. Hat die Mitarbeiterin verstanden, um welche Punkte es konkret geht? „Mir ist konkret aufgefallen, dass ...“; „Du hast unsere Vereinbarungen nicht eingehalten ...“; „Ich stelle fest, dass du bei den vereinbarten Punkten keine Fortschritte erzielen konntest ...“ Wir empfehlen, explizit das Verständnis für die angesprochenen Punkte zu prüfen: „Wie nachvollziehbar sind die Punkte für dich?“, „Wie nachvollziehbar ist für dich, dass du bei den angesprochenen Punkten zu einer Verbesserung kommen musst?“ Gegebenenfalls sind weitere Erklärungen und damit verbunden die Stärkung der Veränderungsmotivation notwendig.

Die Veränderungsmotivation fördern. Womöglich ist die Veränderungsmotivation noch nicht stark genug ausgeprägt. Wie klar ist der Mitarbeiterin, wie ihr Verhalten von anderen (z.B. von Kolleginnen und Kollegen oder von Geschäftspartnern) wahrgenommen wird? Wie klar sind ihr die Konsequenzen ihrer Minderleistung (z.B. Beschädigung ihrer Reputation im Unternehmen, keine weiteren Gehaltssteigerungen)? Weiß die Mitarbeiterin, was sie durch eine Verbesserung gewinnen kann (z.B. langfristige Sicherung ihres Arbeitsplatzes, Angebote für attraktive Aufgaben)? Wie klar sind der Mitarbeiterin diese Zusammenhänge? Als Führungskraft ist es wichtig, den Nutzen einer Veränderung für die Mitarbeiterin herauszuarbeiten und gleichzeitig ehrlich aufzuzeigen, welche Wirkungen entstehen, wenn die gewünschten Verbesserungen ausbleiben.

Konsequent an Lösungen arbeiten. Anscheinend waren die bisherigen Lösungsansätze nicht passend oder aus anderen Gründen konnte die Mitarbeiterin ihr Verhalten nicht verändern. Mögliche Fragen für Feedbackgespräche sind hier:

- „Wo siehst du die Gründe, dass du die vereinbarten Punkte nicht umgesetzt hast?“
- „Was benötigst du noch an Unterstützung?“
- „Was hast du schon alles versucht?“
- „Was könntest du noch tun?“
- „Welche Lösungsansätze passen gut zu dir und möchtest du gerne in den kommenden Tagen nutzen?“

Die Mitarbeiterin wird die klare Kritik mit hoher Wahrscheinlichkeit als Selbstwertbedrohung erleben und gleichzeitig sollte der Effekt durch Interesse und Unterstützungsangebote der Führungskraft abgefedert werden. Wichtig ist das Signal der Führungskraft, dass sie die Mitarbeiterin dabei unterstützen möchte und dass die Mitarbeiterin weiterhin Kontrolle behält (z.B. bei der Auswahl der Lösungsansätze).

Klare Vereinbarungen treffen. Wir empfehlen, die getroffenen Vereinbarungen schriftlich festzuhalten und in kurzen Abständen zu reflektieren.

Zuversicht äußern, dass Verbesserungen möglich sind. Womöglich hat die Mitarbeiterin vor dieser längeren Phase der schlechteren Leistung bessere Leistung gezeigt. Darauf kann fokussiert und dies mit Zuversicht gekoppelt werden: „Noch vor einem Jahr ist es dir gelungen, deine Ziele zu erreichen. Lass uns versuchen, daran wieder anzuknüpfen. Ich glaube daran, dass dies funktionieren kann. Was hast du damals anders gemacht? Was war damals anders?“

Einen Zeitrahmen für die Verbesserungen definieren. Es erscheint uns wichtig, als Führungskraft einen Zeitrahmen für die angestrebten Verbesserungen zu definieren. Dabei ist zu beachten, welche Auswirkungen es hat, wenn die Leistungsdefizite und das kritikwürdige Verhalten andauern. Welche Wirkungen hat das auf

Kunden, auf Kolleginnen und Kollegen, auf die Führungskraft? Je gravierender die Wirkungen, umso kürzer sollte der Zeitrahmen gewählt werden. Kommt die Führungskraft nach Ablauf der Frist zu dem Ergebnis, dass die erzielten Verbesserungen nicht ausreichen oder womöglich gar keine Verbesserungen eingetreten sind, ist dies zu thematisieren.

Feedback, wenn Mitarbeitende für ihre Stelle nicht (mehr) geeignet sind

In diesem Abschnitt gehen wir auf Feedbackgespräche mit Mitarbeitenden ein, bei denen die Führungskraft zu dem Ergebnis gekommen ist, dass ein Teammitglied für die Stelle nicht (mehr) geeignet ist und die Passung in vertretbarer Zeit durch Training oder andere Formen von Unterstützung nicht mehr herstellbar ist.

Beispiel

Stellen Sie sich vor, Sie haben als Führungskraft in Ihrem Vertriebsteam seit 12 Monaten einen Verkäufer. Ihr Mitarbeiter ist sehr extravertiert und wirkt im Erstkontakt sehr positiv auf die Kunden. Er stellt offene Fragen, hört zu und argumentiert nachvollziehbar. In den ersten Monaten der gemeinsamen Arbeit waren Sie sehr begeistert von Ihrem neuen Mitarbeiter. Im Vorstellungsgespräch und bei Arbeitsproben haben Sie vor allem auf Aspekte geachtet, die mit Extraversion zusammenhängen. Seit etwa 6 Monaten stellen Sie jedoch fest, dass die Gewissenhaftigkeit Ihres neuen Mitarbeiters sehr zu wünschen übriglässt. Es haben sich schon mehrmals Kunden bei Ihnen beschwert, dass Vereinbarungen durch den Mitarbeiter nicht eingehalten wurden. Ihr Mitarbeiter ruft häufig nicht zurück, bearbeitet E-Mails von Kunden oft nur nach mehrmaliger Erinnerung und gibt Aufträge fehlerhaft an den Innendienst weiter. Von Woche zu Woche treten immer mehr Fehler zutage, die der Mitarbeiter lange Zeit kaschieren konnte. Über das ganze letzte halbe Jahr hinweg haben Sie Feedbackgespräche geführt, in denen Sie auf das problematische Verhalten hingewiesen haben. Sie haben konkrete Vereinbarungen getroffen und diese reflektiert. Leider besteht das kritische Verhalten fort, allenfalls marginale Verbesserungen sind erkennbar. Die mangelnde Gewissenhaftigkeit Ihres Mitarbeiters hat kritische Auswirkungen auf die Arbeit von Kolleginnen und Kollegen im Team, auf die Teamleistung und hat bereits mehrere Kunden sehr verärgert. Für das Team, für Sie als Führungskraft und für den Mitarbeiter selbst ist eine schwierige Situation entstanden, die für alle Beteiligten Leidensdruck erzeugt. Die Kolleginnen und Kollegen im Team müssen Fehler ausbügeln und Aufgaben ihres Kollegen mit übernehmen. Der Mitarbeiter selbst fühlt sich mit seinen Aufgaben überfordert und ist erkennbar unglücklich. Da Sie mit Ihrem Mitarbeiter in den letzten Monaten sehr eng zusammengearbeitet haben, können Sie fundiert bewerten, dass es dem Mitarbeiter trotz Bemühungen nicht gelingt, sein Verhalten nachhaltig zu verändern.

Sie sind zur Entscheidung gekommen, dass der Mitarbeiter für seine Stelle nicht geeignet ist und Sie eine Weiterbeschäftigung auf der Stelle mit Blick auf die Auswirkungen nicht mehr verantworten können. Sie müssen sich eingestehen, dass Sie bei der Stellenbesetzung eine Fehlentscheidung getroffen haben.

- Handlungsempfehlungen

Einem Mitarbeiter sagen zu müssen, dass er für seine Stelle nicht (mehr) geeignet ist, gehört sicher zu den heikelsten Aufgaben einer Führungskraft. Gleichwohl kann trotz aller Qualifizierungs- und Unterstützungsangebote eine solche Situation eintreten. Das kann verschiedene Ursachen haben:

- Womöglich wurde im Rahmen der Personalauswahl eine Fehlentscheidung getroffen, weil beispielsweise die eignungsdiagnostischen Instrumente unzureichend waren (z.B. unstrukturiertes Vorstellungsgespräch anstatt Arbeitsproben) oder wichtige Eignungsdimensionen nicht berücksichtigt wurden (z.B. Gewissenhaftigkeit).
- Der Mitarbeiter wurde in eine Funktion befördert, die ihn überfordert.
- Er hat den Anschluss an neue Arbeitsmethoden verpasst; die Lücken sind in vertretbarer Zeit nicht mehr zu schließen.
- Die Interessen haben sich so verändert, dass der Mitarbeiter nicht mehr ausreichend motiviert für seine Arbeit ist.

Es kann vielfältige Gründe geben, die dazu führen, dass die Passung nicht (mehr) gegeben ist. Ebenso kann es verschiedene Ansatzpunkte geben, die Passung wiederherzustellen. Dies sollte immer der erste Schritt sein. Das kann beispielsweise bedeuten, Aufgaben innerhalb des Teams so umzuverteilen, dass eine bessere Passung entsteht, einen Tandempartner zu definieren, der Schwächen kompensiert, den Beschäftigungsgrad zu reduzieren, um private Belastungen besser bewältigen zu können oder durch Training und Coaching an Verbesserungen zu arbeiten. Wenn all dies nicht hilfreich war, muss die Führungskraft die Entscheidung treffen, dass es für den Mitarbeitenden auf seiner aktuellen Stelle nicht weitergehen kann.

Selbstreflexion zur Passung anregen. Im besten Fall gelingt es, die Selbstwertbedrohung dadurch zu minimieren, dass der Mitarbeiter von sich aus die Entscheidung trifft, sich verändern zu wollen, weil andere Stellen besser zu ihm passen als seine aktuelle Position. Führungskräfte können diesen Prozess anregen: „Wie geht es dir mit der Stelle? Wie viel Spaß macht dir die Arbeit? Inwieweit kannst du deine Interessen und Kompetenzen verwirklichen? Wie nimmst du deine Passung zu deiner aktuellen Stelle wahr? Welche Interessen und Kompetenzen kannst du in deiner aktuellen Stelle nicht verwirklichen? Welche Aufgaben könnten dir womöglich mehr Spaß machen? Welche anderen Aufgaben reizen dich – innerhalb oder außerhalb unserer Organisation?“

Klarheit schaffen. Äußert der Mitarbeiter von sich aus keinen Wechselwunsch, so empfehlen wir, schnell Klarheit zu schaffen, um die Selbstwertbedrohung zumindest zeitlich auf einen Punkt zu fokussieren und nicht auf mehrere Gespräche über einen längeren Zeitraum auszudehnen: „Auf Basis unserer Gespräche und unserer gemeinsamen Bemühungen in den letzten 6 Monaten muss ich feststellen, dass es uns nicht gelungen ist, die notwendigen Verbesserungen zu erreichen. Wir haben viel probiert, haben es aber miteinander nicht geschafft. Ich sehe, dass du dich bemüht und angestrengt hast. Aber leider haben wir es miteinander nicht hinbekommen. Ich kann dich leider nicht weiter auf deiner aktuellen Stelle arbeiten lassen. Es ist mir wichtig, dass wir zu einer Stelle für dich kommen, die besser zu dir passt als deine aktuelle Stelle. In meiner Entscheidung bin ich klar und möchte dich gleichzeitig sehr gerne im weiteren Prozess intensiv unterstützen ... Wie nachvollziehbar ist diese Entscheidung für dich?“

Verständnis zeigen. Womöglich braucht der Mitarbeiter erst einmal Zeit, um die Situation zu verarbeiten und sich weitere Gedanken zu machen. Führungskräfte können Verständnis signalisieren: „Das ist eine schwierige Situation. Es ist völlig in Ordnung, wenn du erstmal etwas Bedenkzeit benötigst, bevor wir nach einer Lösung schauen. Was ist jetzt gut für dich?“ Selbst wenn der Mitarbeiter für sich selbst festgestellt hat, dass die Stelle nicht so gut zu ihm passt, ist nicht unbedingt mit Erleichterung zu rechnen, weil mit der anstehenden Veränderung viele Sorgen einhergehen können: „Bedeutet das jetzt, dass mir gekündigt wird? Wie soll es denn jetzt weitergehen? Was wird meine Familie dazu sagen?“

Auf vorhandene Kompetenzen fokussieren. Wenn der Mitarbeiter über die nächsten Schritte sprechen möchte, dann empfehlen wir möglichst schnell die Aufmerksamkeit darauf zu konzentrieren, für welche Aufgaben der Mitarbeiter geeignet sein könnte: Welche Kompetenzen hat der Mitarbeiter? Was wollte der Mitarbeiter schon immer einmal machen? Welche Qualifikationen konnte er auf der aktuellen Stelle nicht nutzen? Die Führungskraft sollte dabei Stärken explizit benennen: „Du kannst sehr gut ... Ich sehe deine Talente in den Bereichen ...“ Wir empfehlen, maximale Wertschätzung für die vorhandenen Kompetenzen zu zeigen. In weiteren Gesprächen sollte es nicht (mehr) darum gehen, warum ein Mitarbeiter für die aktuelle Stelle nicht geeignet ist, sondern für welche Stellen er mit Blick auf seine Kompetenzen und Interessen geeignet sein könnte. Die Fokussierung auf vorhandene Stärken und potenziell besser passende Stellen sollte geeignet sein, die Selbstwertbedrohung abzufedern und gleichzeitig für den Wechsel zu motivieren.

Den Wechsel unterstützen. Führungskräfte können einen Wechsel in unterschiedlicher Weise unterstützen. Womöglich gibt es offene interne Stellen, die gut für den Mitarbeiter passen und die in Erwägung gezogen werden können. Womöglich kann die Führungskraft sich um eine Outplacement-Beratung für den Mitarbeiter kümmern oder kann ihr eigenes Netzwerk für eine passende Platzierung nutzen. Die Unterstützung der Führungskraft sollte wiederum die negativen Effekte auf den Selbstwert minimieren helfen. Im Trennungsprozess werden wahrscheinlich mehrere Gespräche notwendig sein. Wir empfehlen einen Zieltermin zu definieren, damit die Umsetzung nicht auf die lange Bank geschoben wird. Durch die Gestaltung eines solchen Prozesses werden sich in vielen Fällen Ermahnungen, Abmahnungen, arbeitgeberseitige Kündigungen und juristische Auseinandersetzungen vermeiden lassen.

Umgang mit negativer Leistungsbeurteilung im Coaching

Wenn Mitarbeitende die Erwartungen, die an sie gestellt werden, nicht erfüllen, dann kann dies ein Anlass für ein Coaching sein. Nicht selten werden Mitarbeitende in ein Coaching geschickt, weil ihre Führungskraft Defizite wahrnimmt. Die drei beschriebenen sensiblen Situationen können also jeweils Ausgangspunkt für einen Coaching-Prozess sein. Wir möchten ausdrücklich betonen, dass es viele weitere Coaching-Anlässe gibt und es Coaching als Entwicklungsinstrument in einer Organisation beschädigen würde, wenn ausschließlich Mitarbeitende mit einer schlechten Leistungsbeurteilung ein Coaching empfohlen werden würde. Da kritische Leistungsbeurteilungen jedoch ein wichtiger Anlass sind, gehen wir auf diesen Aspekt im Folgenden ein.

Bemerkenswert ist, dass die Coachees mit einer negativen Leistungsbeurteilung sehr unterschiedlich umgehen. Schalk (persönliche Kommunikation, 17. März 2021) hat über viele Jahre hinweg die folgenden Reaktionsmuster beobachtet[8]:

- Coachees, die das Ergebnis der Leistungsbeurteilung ablehnen und sich in ihrem aktuellen Verhalten sehr sicher fühlen. Selbst- und Fremdbild sind konträr zueinander: „Ich sehe das alles ganz anders. Meine Leistung ist viel besser, als in der Leistungsbeurteilung beschrieben. Ich sehe bei mir keinen Veränderungsbedarf. Für mich passt es gut so, wie es ist."
- Zustimmung zum Ergebnis der Leistungsbeurteilung durch den Coachee: „Ich fühle mich fair beurteilt und teile die Einschätzung, dass ich mich verbessern sollte. Ich will daran arbeiten und sehe Beurteilung und Coaching als Chance für mich. Packen wir es an ..."
- Zweifel beim Coachee, die mit Verunsicherung einhergehen: „Verhalte ich mich wirklich so, wie in der Leistungsbeurteilung beschrieben? Komme ich bei anderen wirklich so rüber?"
- Starke Stressreaktionen beim Coachee: „So kritisch werde ich von meiner Chefin gesehen? Das ist ja furchtbar. Muss ich jetzt Angst um meinen Arbeitsplatz haben? Will sich mein Arbeitgeber von mir trennen?"

Nachfolgend beschreiben wir Interventionsansätze im Coaching, die sich in der Praxis als hilfreich erwiesen haben.

8 Die folgenden Ausführungen basieren auf einem Gespräch mit Christoph Schalk (Diplom-Psychologe, Senior Coach BDP, Master Coach EASC), der seit 1994 als Coach tätig ist. Wir danken Christoph Schalk für das Teilen seiner Erfahrungen.

- Interventionsansätze

Interesse für die Sichtweise des Coachees. Es geht im Coaching nicht darum, den Coachee von der Richtigkeit einer schlechten Leistungsbeurteilung zu überzeugen. Die Beurteilung ist der Anlass des Coachings, jedoch nicht der eigentliche Inhalt. Es ist nicht die Aufgabe des Coaches, dem Coachee die Beurteilung zu erklären und mit ihm daran zu arbeiten, dass er diese für sich als wahr annehmen kann. Der Coachee entscheidet, was er aus der Leistungsbeurteilung für sich machen möchte: Was erscheint ihm besonders relevant? Woran möchte er arbeiten? Der Coach ist an diesen Sichtweisen und Entscheidungen des Coachees maximal interessiert.

Relativierungen. Bei Zweifeln und starken Stressreaktionen haben sich Relativierungen als hilfreich erwiesen. Relativierende Formulierungen gegenüber dem Coachee könnten beispielsweise sein: „Ich habe immer wieder Coachees bei mir, die erstmal eine gewisse Verunsicherung erleben. Aus meiner Sicht ist es völlig normal, dass eine negative Leistungsbeurteilung mit Sorgen und Zweifeln einhergeht. Das ist eine typische Situation, die immer wieder vorkommt." Der kritischen Leistungsbeurteilung soll so ihre Dramatik genommen und der Coachee zur Perspektive eingeladen werden, dass er sich in einer normalen Situation befindet, die bearbeitbar ist. Auf der Basis von viel Empathie durch den Coach kann es gelingen, dass Coachees ihre Perspektive auf die negative Leistungsbeurteilung verändern. So entstehen beispielsweise die folgenden Sichtweisen: „Meine Chefin finanziert mir das Coaching, weil sie davon überzeugt ist, dass ich mich verbessern kann. Andere waren schon in einer ähnlichen Situation und konnten von einem Coaching profitieren." Solche Veränderungen in den Sichtweisen schaffen dann die Basis, um in einen Veränderungsprozess einzusteigen.

Selbsteinschätzung anhand eigener Kriterien. Lehnen Coachees das Ergebnis ab, dann kann von der Selbsteinschätzung des Coachees ausgegangen werden, um mit dem Coachee in einen Arbeitsmodus kommen zu können: „Was muss denn eine Führungskraft in Ihrer Position alles gut können?" Durch diese Frage angeregt entwickeln Coachees in der Regel zwischen 10 und 20 Dimensionen, die aus Sicht der Coachees wichtige Leistungsdimensionen auf ihrer Stelle beschreiben. Dabei wird bewusst nicht auf die eigentliche Leistungsbeurteilung abgezielt, sondern auf die persönliche Sicht des Coachees. Im zweiten Schritt wird durch den Coachee die Skalierung vorgenommen: „Wenn Sie jetzt diese 10 Dimensionen hernehmen und sich selbst jeweils auf einer Skala von 1 bis 10 einschätzen, wobei 10 bedeutet, dass keine Verbesserungen mehr möglich sind, zu welchen Werten kommen Sie dann?" In der Regel resultiert ein differenziertes Bild mit Einschätzungen auf der Skala von 5 bis 9. Für den Coachee wird transparent, dass es bei seiner Arbeit eine ganze Reihe an relevanten Dimensionen gibt, bei denen er selbst unterschiedliche Ausprägungen bei sich wahrnimmt. Es wird deutlich, dass Verbesserungen möglich sind.

Eigenverantwortung bei der Wahl der Veränderungsbereiche. Im nächsten Schritt entscheidet der Coachee, ob und bei welcher Dimension er oder sie an einer Verbesserung arbeiten möchte: „Wenn Sie sich Ihre Selbsteinschätzung nun anschauen. Bei welcher Dimension würden Sie sich gerne verbessern wollen?" Das erarbeitete Selbstbild kann mit dem Fremdbild aus der Leistungsbeurteilung abgeglichen werden. Auch wenn der Veränderungsprozess dann relativ losgelöst von der eigentlichen Leistungsbeurteilung stattfindet, können Verbesserungen in Gang kommen, die in der Regel Aspekte betreffen, die auch die Beurteilenden als erwünschte Effekte wahrnehmen.

Starke Lösungsorientierung. Auch bei sehr schlechten Leistungsbeurteilungen gibt es in der Regel Aspekte, die von der jeweiligen Führungskraft positiv bewertet werden. Diese können und sollten gewürdigt werden: „Ihre Leistungsbeurteilung zeigt doch sehr deutlich, dass Ihnen einiges bei Ihrer Arbeit wirklich gut gelingt. Vor diesem Hintergrund ist es doch sehr plausibel, dass Sie sich auch in den anderen Bereichen verbessern können." Auch bei kritikwürdigen Bereichen sind in aller Regel bereits gute Ansätze vorhanden. Diese werden im Coaching maximal ausgeleuchtet und genutzt: Was ist schon da? In welchen Situationen tritt das gewünschte Verhalten auf? Wie kann es gelingen, dieses Verhalten wahrscheinlicher zu machen? Mit welchen Schritten kommt der Coachee in der Bewertungsskala einen oder zwei Punkte vorwärts?

Die nützlichen Anteile in negativen Bewertungen sichtbar machen. Verhalten, das von Vorgesetzten als verbesserungswürdig wahrgenommen wird, kann in bestimmten Situationen sehr hilfreich sein. Bekommt beispielsweise ein Verkäufer in seiner Leistungsbeurteilung das Feedback, dass er in Kundengesprächen sehr zurückhaltend sei und den Kunden aktiver beraten solle, so kann herausgearbeitet werden, in welchen Situationen sein bisheriges Verhalten nützlich ist und beibehalten werden kann, während für andere Situationen an einer Erweiterung des Verhaltensrepertoires gearbeitet wird.

Veränderungsmotivation maximal unterstützen. Wenn es Coachees gelingt, in eine Haltung zu kommen, die es ihnen ermöglicht, die Leistungsbeurteilung und das Coaching als Chance zu begreifen, dann ist es wichtig, diese Haltung stark zu würdigen und zu verstärken: „Ich finde es bewundernswert, wie Sie das Thema anpacken und an der Beurteilung wachsen wollen. Ich habe es immer wieder erlebt, dass Coachees mit dieser Grundhaltung sich sehr gut verbessern konnten. Kompliment, wie viele Ideen Sie haben, wie Sie sich verbessern können." Auf dieser Basis kann dann die Frage in den Mittelpunkt gerückt werden, was konkret anders werden soll.

• Weitere Anregungen für die Umsetzung in der Praxis

Wenn in Organisationen Mitarbeitenden ein externes Coaching zum Umgang mit kritischer Leistungsbeurteilung angeboten wird, dann sollten die folgenden Punkte beachtet werden:

- Eine ordentliche *Auftragsklärung* ist gerade bei negativer Leistungsbeurteilung als Coaching-Anlass besonders wichtig. In der Auftragsklärung zwischen Coachee, der Führungskraft des Coachees und dem Coach (in einigen Organisationen auch unter Mitwirkung der Personalentwicklung) sollte die Sichtweise der Führungskraft des Coachees möglichst ehrlich eingebracht werden: Welche Verhaltensänderungen wünscht sich die Führungskraft? Was veranlasst sie, ihrem Mitarbeitenden ein Coaching vorzuschlagen? Wenn an dieser Stelle Beweggründe verschwiegen oder Kritikpunkte nur vage angedeutet werden, dann wird zielführendes Coaching erschwert. Im schlimmsten Fall tappt der Coachee im Dunkeln und weiß gar nicht so recht, was von ihm gewünscht wird.
- Gerade bei negativen Leistungsbeurteilungen kann es in der Praxis vorkommen, dass Führungskräfte Mitarbeitenden ein Coaching vorschlagen, obwohl sie für sich bereits die Entscheidung getroffen haben, sich trennen zu wollen. Das Coaching mag dann dazu dienen, ein möglicherweise schlechtes Gewissen der Führungskraft zu beruhigen: „Ich muss mir nichts vorwerfen. Ich habe bis zum letzten Tag alles probiert und sogar noch ein Coaching eingeleitet". In solchen Fällen ist ein Coaching in der Regel sinnlos. Ein Coaching sollte nur dann angeboten werden, wenn beim Arbeitgeber der Wunsch besteht, mit dem Mitarbeiter weiterarbeiten zu wollen. Ansonsten kann *Outplacement-Beratung* ein sinnvolles Instrument sein (Lohaus, 2010).
- Die *Rolle des Coaches* muss gut erklärt und geklärt werden. Dies beinhaltet auch, dass die Führungskraft nachvollziehen und akzeptieren kann, dass der Coach Prozessbegleiter für den Coachee ist und nicht die Aufgabe übernehmen kann, den Coachee im Auftrag der Führungskraft von bestimmten Sichtweisen oder Verhaltensänderungen zu überzeugen.

Vor dem Hintergrund seiner langjährigen Praxiserfahrung berichtet Schalk (persönliche Kommunikation, 17. März 2021), dass es im Coaching gelingen kann, dass Coachees mehr Verständnis für die Perspektive der Beurteilenden entwickeln und ebenso auch umgekehrt, dass Führungskräfte mehr Verständnis für das Verhalten der Coachees entwickeln. Häufig gelingt es im Coaching, die Veränderungsmotivation zu stärken, Verunsicherung und Stresserleben gehen zurück, und es resultieren für alle wahrnehmbare Verbesserungen. Allerdings hat Schalk auch Coachees begleitet, die vor dem Hintergrund stark eingefahrener Verhaltensmuster, bestimmter Persönlichkeitseigenschaften oder aufgrund ihrer kognitiven Fähigkeiten die gewünschten Verbesserungen nicht erreichen konnten. In solchen Fällen kann es dann auch zu internen Wechseln oder zu Trennungen kommen.

4.1.2 Illegitime Aufgaben vermeiden

Nachfolgend geben wir basierend auf der SOS-Theorie und damit verbundener Forschung zu illegitimen Aufgaben Handlungsempfehlungen für Führungskräfte, um das Auftreten illegitimer Aufgaben im Arbeitskontext möglichst zu vermeiden. Die Empfehlungen sind auch für Mitarbeitende im Personalbereich relevant, insbesondere im Bereich der Personalauswahl und Personalentwicklung. Wir beschreiben vier verschiedene Ansatzpunkte:

- Realistische Tätigkeitsinformationen im Einstellungsprozess geben
- Überqualifikation vermeiden
- Bei der Übertragung neuer Aufgaben auf die Passung achten
- Unnötige Aufgaben systematisch identifizieren und vermeiden

Beim ersten und dritten Punkt geht es um die Vermeidung unpassender Aufgaben mit Blick auf die berufliche Rolle. Zu realistischen Tätigkeitsinformationen geben wir in Kapitel 5 ein Fallbeispiel (siehe Abschnitt 5.6). Beim vierten Punkt geht es um die Vermeidung unnötiger Aufgaben und beim zweiten Punkt um Mitarbeitende, die für ihre Aufgaben überqualifiziert sind, was sich negativ auf den Selbstwert auswirken dürfte. Dieser Punkt ist nicht explizit Teil des Konzeptes *illegitimer Aufgaben*, wie sie im Sinne der SOS-Theorie bisher beschrieben werden, kann aus unserer Sicht die Theorie jedoch sinnvoll erweitern, was wir entsprechend begründen.

Realistische Tätigkeitsinformationen im Einstellungsprozess geben

Dieser Ansatzpunkt zielt darauf ab, dass Bewerber möglichst nicht auf Positionen gelangen, die Aufgaben beinhalten, die sie als unpassend erleben. Dabei nehmen wir an, dass Bewerber bestimmte Erwartungen haben, welche Aufgaben mit einer bestimmten Position verknüpft sind. Nehmen wir beispielsweise an, dass ein Unternehmen eine Stelle für einen Einkäufer ausgeschrieben hat. Bei starker Übereinstimmung zwischen den Erwartungen eines Bewerbers und den tatsächlichen Aufgaben ist anzunehmen, dass der potenzielle neue Mitarbeiter das Aufgabenpaket als legitim wahrnimmt.

Im Wettbewerb um gute Fachkräfte mögen Verantwortliche in Unternehmen dazu neigen, in *Vorstellungsgesprächen* ein besonders positives Bild von der zu besetzenden Stelle zu zeichnen, um einen guten Bewerber zu einer Zusage zu bewegen. Das birgt das Risiko, dass ein Bewerber möglicherweise falsche Erwartungen mit Blick auf die zu erledigenden Aufgaben und wichtige Aspekte, die unmittelbar mit den Aufgaben verknüpft sind, entwickelt. Solche wichtigen Aspekte können beispielsweise der Handlungs- und Entscheidungsspielraum, Berichtspflichten oder Budgetverantwortung sein.

In der *Eignungsdiagnostik* ist das Geben realistischer Tätigkeitsinformationen, die auch mögliche negative Aspekte einer Stelle beinhalten, ein wichtiges Prinzip. Schuler (2014) begründet dies damit, dass realistische Tätigkeitsinformationen dazu beitragen, dass Bewerber besser bewerten können, ob eine Stelle zu ihren Kompetenzen und Interessen passt. In der Folge können sie ihre Entscheidung für oder gegen ein Stellenangebot auf einer besseren Informationsbasis treffen, im Vergleich zu unzureichenden oder gar unrealistischen Tätigkeitsinformationen. Damit verbunden werde späteren Enttäuschungen und Fluktuation vorgebeugt. Forschungsbefunde zeigen, dass realistische Tätigkeitsinformationen mit geringerer Fluktuationswahrscheinlichkeit einhergehen (z.B. Earnest, Allen & Landis, 2011; Weitz, 1956).

Mit Blick auf mögliche illegitime (vor allem unpassende) Aufgaben bekommen realistische Tätigkeitsinformationen im Einstellungsprozess eine besondere Relevanz: Haben Bewerber im eignungsdiagnostischen Prozess die Chance, Aufgaben zu erkennen, die sie als unpassend mit Blick auf ihre Vorstellungen von ihrer beruflichen Rolle wahrnehmen?

Stellen wir uns vor, dass es in einem kleinen Unternehmen zu den Aufgaben eines Einkäufers gehört, neben der Suche nach passenden Lieferquellen, dem Verhandeln von Einkaufspreisen und der Bestellung von Ware immer wieder in der Logistik in der Warenannahme mitzuhelfen. Manche Bewerber werden diesen Aufgabenteil als unpassend für ihre Rolle als Einkäufer wahrnehmen. Angenommen, ein Bewerber sieht es als Kern seiner Einkäuferrolle, Einkaufspreise zu verhandeln und möchte dafür möglichst 90 % seiner Arbeitszeit aufwenden. Im angesprochenen Unternehmen würde es jedoch zu seinen Aufgaben gehören, 30 % seiner Zeit mit der Annahme von Ware zu verbringen. Es ist sehr wahrscheinlich, dass er diese Aufgabe als unpassend wahrnehmen würde, weil sie seinen Vorstellungen von der Rolle eines Einkäufers nicht entspricht. Werden diese Aufgaben verschwiegen oder falsch dargestellt, so ist wahrscheinlich, dass der neue Mitarbeiter diese Aufgaben als illegitim wahrnimmt.

Vor diesem Hintergrund empfehlen wir, Bewerbern einen möglichst umfassenden und realistischen Einblick in die Tätigkeiten zu geben, die mit einer offenen Stelle verbunden sind. Dabei sollten gerade Aufgaben nicht verschwiegen werden, die eher untypisch für die berufliche Rolle sind. Dies kann auf unterschiedliche Arten und Kombinationen daraus geschehen:

- Durch realistische Tätigkeitsinformationen als Teil von *Vorstellungsgesprächen*, wie dies beispielsweise im Multimodalen Interview angelegt ist (Schuler, 2018). Hierbei wird den Bewerbern beschrieben, welche Aufgaben mit der Stelle einhergehen.
- Durch *Hospitation* bei Mitarbeitenden, die ein vergleichbares Aufgabenspektrum bearbeiten, um so direkte Beobachtungen in der Praxis zu ermöglichen. Dies kann so geschehen, dass ein Bewerber sich neben einen Mitarbeiter an den Arbeitsplatz begibt und dort die Aufgabenbearbeitung miterleben kann.
- Durch *Gespräche mit Mitarbeitenden*, die vergleichbare Aufgaben bearbeiten, um Schilderungen aus erster Hand zu bekommen.
- Durch *Arbeitsproben*, die möglichst realitätsnah eine möglichst große Bandbreite der Aufgaben einer Stelle abbilden (Kanning & Schuler, 2014). Dabei erledigt der Bewerber prototypische Aufgaben der Stelle selbst.

Gerade bei komplexeren Stellen mit einer großen Bandbreite an Aufgaben, die zudem (in Teilen) eine spezifische Einarbeitung voraussetzen, wird eine Kombination der verschiedenen Instrumente sinnvoll sein. Für den Bewerber sollte ein realistisches Bild zu den folgenden Fragen entstehen:

- Welche Aufgaben sind konkret mit der Stelle verbunden?
- Welchen Zeitanteil werden die einzelnen Aufgaben voraussichtlich einnehmen?
- Welche Rahmenbedingungen beeinflussen die Bearbeitung der Aufgaben? (z.B. Erwartungen der Führungskraft, Entscheidungsspielraum, zur Verfügung stehende Ressourcen)

Das bedeutet auch, dass die gegebenen oder direkt erlebten Einblicke mit dem Bewerber gut reflektiert werden, was anhand der folgenden Fragen geschehen kann:

- „Wie stark entsprechen die Aufgaben Ihren Erwartungen, die Sie an die Stelle haben?"
- „Welche Aufgaben haben Sie irritiert bzw. welche Aufgaben hätten Sie bei dieser Stelle nicht erwartet?"
- „Welche Aufgaben sind Ihnen aus früheren, ähnlichen Stellen bekannt? Welche unbekannt?"

Wird beispielsweise für Bewerber ein *Schnuppertag* mit verschiedenen Arbeitsproben und Gesprächsmöglichkeiten mit potenziellen Kolleginnen und Kollegen gestaltet, so können Führungskraft und Bewerber am Ende des Tages die erlebten und beschriebenen Aufgaben anhand der o.g. Fragen miteinander reflektieren. Auch in der Probezeit können diese Fragen genutzt werden.

Überqualifikation vermeiden

Ist es sinnvoll, für eine Stelle den am besten qualifizierten Bewerber auszuwählen? Ist es sinnvoll, Weiterqualifizierungsanliegen von Mitarbeitenden in jedem Fall zu unterstützen?

Nehmen wir einmal an, ein Unternehmen stellt eine Einkäuferin auf einer Stelle ein, die bislang von einem Mitarbeiter mit einer kaufmännischen Ausbildung besetzt war. Die Aufgaben sind so angelegt, dass eine kaufmännische Ausbildung ausreichend ist, um diese erfolgreich bewältigen zu können. Nun stellt das Unternehmen eine Master-Absolventin eines betriebswirtschaftlichen Studienganges ein, die während ihres Studiums viel Mühe darauf verwandt hat, ihre Englisch- und Spanischkenntnisse auf ein verhandlungssicheres Niveau zu verbessern. Es ist wahrscheinlich, dass die neue Einkäuferin sich als überqualifiziert wahrnimmt, insbesondere dann, wenn sie Kenntnisse, Fähigkeiten und Kompetenzen im Studium erworben hat, die sie nicht einbringen kann (z.B. ihre Sprachkenntnisse). Die Aufgaben ihrer Stelle an sich mögen für die Rolle einer Einkäuferin legitim erscheinen, die Mitarbeiterin mag sie dennoch mit Blick auf ihre Qualifikation als unpassend erleben.

Ebenso ist denkbar, dass sich ein Mitarbeiter berufsbegleitend zum Bachelor weiterbildet und in der Folge seine Aufgaben als unpassend zu seiner Qualifikation erlebt, wenn in seinem Aufgabenspektrum keine entsprechende Anreicherung möglich ist.

Mit Blick auf mögliche Bedrohungen des Selbstwertes ist anzunehmen, dass es für Mitarbeitende ungünstig ist, wenn sie sich in einer Position befinden, für die sie sich als überqualifiziert wahrnehmen. So mag eine Mitarbeiterin das Erreichte im sozialen Vergleich zu Personen gleicher Qualifikation als abwertend erleben und ebenso mit Blick auf selbst gesteckte Karriereziele. Wahrgenommene Überqualifikation kann durch Kenntnisse, Fähigkeiten und Kompetenzen entstehen, die auf der aktuellen Stelle nicht eingesetzt werden können, weil für die Stelle ein geringeres Maß ausreichend ist (Harari et al., 2017).

Für die Praxis liegen darin wichtige Implikationen. Mit Blick auf Arbeitszufriedenheit, psychisches Wohlbefinden und Mitarbeiterbindung kann es sinnvoll sein, einen schlechter qualifizierten Bewerber einzustellen, wenn eine geringere Qualifikation für die erfolgreiche Bewältigung der Aufgaben ausreichend ist. Auch bei internen Wechseln ist die Passung mit Blick auf die Qualifikation zu beachten. Zudem sollte bei der Förderung von Weiterbildungen gut reflektiert werden, ob nach Abschluss der Weiterbildung die Aufgaben des Mitarbeiters passend weiterentwickelt werden können oder Wechsel auf andere, passendere Stellen innerhalb der Organisation möglich sind. Andernfalls ist anzunehmen, dass die Weiterbildung zu einer Reduktion der Arbeitszufriedenheit und Mitarbeiterbindung führen kann. Lernangebote sollten dazu beitragen, die Passung zwischen Qualifikation und Aufgaben zu erhöhen und nicht zu verringern.

Für die Reflexion von Weiterbildungswünschen mit Mitarbeitenden empfehlen wir für Führungskräfte und Personalentwickler deshalb die folgenden Fragen:

Fragen für die Reflexion von Weiterbildungswünschen

vor der Weiterbildung

- Welche der durch die Weiterbildung zu erwerbenden Kenntnisse, Fertigkeiten und Kompetenzen kannst du in deiner aktuellen Stelle einsetzen?
- Ist anzunehmen, dass du deine aktuellen Aufgaben in der Folge effektiver oder effizienter erledigen kannst?
- Welche Wünsche hast du mit Blick auf dein zukünftiges Aufgabenpaket?
- Welche Stellen in unserer Organisation könnten nach deiner Weiterbildung möglicherweise besser zu dir passen als deine aktuelle Stelle?
- Welche Ziele und Pläne für deine weitere Zukunft ergeben sich im Zusammenhang mit deiner Weiterbildung? Wie kann ich dich auf diesem Weg unterstützen?
- Welche Erwartungen hast du ganz konkret mit Blick auf die Zeit nach der Weiterbildung (z. B. mehr Gehalt, andere Aufgaben, einen Karriereschritt)?

nach der Weiterbildung

- Was aus deiner Weiterbildung möchtest du gerne in der Praxis nutzen? Wie kann das gelingen?
- Welche Erwartungen an die Inhalte der Weiterbildung wurden erfüllt? Welche nicht?
- Wie haben sich möglicherweise deine Erwartungen an die Zeit nach der Weiterbildung verändert?
- Welche Anliegen hast du jetzt für die Zeit nach der Weiterbildung?

Unter Wertschätzungsgesichtspunkten ist es somit wichtig, dass Führungskräfte auf eine gute Passung zwischen Qualifikation und Aufgaben achten, insbesondere dann, wenn Mitarbeitende eine Weiterbildung absolvieren möchten.

Bei der Übertragung neuer Aufgaben auf die Passung achten

Die Aufgaben auf einer Stelle können sich im Laufe der Zeit verändern. Aufgaben fallen weg, neue Aufgaben kommen hinzu. Mit Blick auf die Vermeidung als unpassend erlebter Aufgaben ist deshalb die Frage wichtig, wie gut sich neue Aufgaben in die berufliche Rolle der Mitarbeitenden integrieren lassen. Erlebt eine Mitarbeiterin eine neue Aufgabe als sinnvolle Ergänzung bzw. als eine passende Weiterentwicklung ihres bisherigen Aufgabenspektrums?

Nehmen wir einmal an, dass in einer Werkshalle bislang am Ende eines Arbeitstages ein Reinigungsdienst die Arbeitsplätze gereinigt hat. Nun soll diese Aufgabe am Ende des Tages von den Werkern am jeweiligen Arbeitsplatz selbst erledigt werden. Was für den Reinigungsdienst eine legitime Aufgabe war, wird wahrscheinlich von den Werkern als unpassend mit Blick auf ihre berufliche Rolle wahrgenommen – insbesondere, wenn diese Aufgabe nicht freiwillig übernommen wird (Semmer et al., 2019). Zudem spielt es im Sinne interaktionaler Fairness eine Rolle, wie die Aufgabe übertragen wird und vor allem, wie sie begründet wird.

Führungskräfte sollten bei der Übertragung neuer Aufgaben gut reflektieren, ob diese zum angedachten Mitarbeiter passen. Dies kann anhand der folgenden Fragen geschehen:

- Wie ähnlich ist die neue Aufgabe den bereits durch den Mitarbeiter ausgeführten Aufgaben?
- Wie stark passt die neue Aufgabe zu den Interessen und den Kompetenzen des Mitarbeiters?

Soweit möglich, sollte Mitarbeitenden ein Mitspracherecht eingeräumt werden, was im Ergebnis auch bedeuten kann, dass Mitarbeitende eine neue Aufgabe nicht übernehmen oder in einer anderen Form als ursprünglich angedacht. So könnte auch eine Testphase vereinbart werden, in der Mitarbeitende die neue Aufgabe ausprobieren, um im Anschluss zu reflektieren, ob die Aufgabe gut platziert ist. Mit Blick auf die Legitimität von Aufgaben empfehlen wir für Gespräche mit Mitarbeitenden zur Übertragung einer neuen Aufgabe die folgenden Fragen:

- „Wie gut passt diese neue Aufgabe zu dir?“
- „Was daran interessiert dich?“
- „Was findest du eher irritierend?“
- „Wie nachvollziehbar ist für dich, dass ich dir diese Aufgabe gerne übertragen möchte?“
- „Was müsste womöglich bei der Aufgabe verändert werden, damit sie gut zu dir passt?“

Unnötige Aufgaben systematisch identifizieren und vermeiden

Bislang haben wir uns mit der Vermeidung *unpassender* Aufgaben beschäftigt. In diesem Abschnitt möchten wir Ansatzpunkte zur Vermeidung *unnötiger* Aufgaben diskutieren, die ebenfalls unter illegitime Aufgaben gefasst werden (Semmer et al., 2019). Wir gehen auf drei Ansatzpunkte konkreter ein:

- Sinnhaftigkeit von Aufgaben in Mitarbeitergesprächen reflektieren
- Das innerbetriebliche Vorschlagswesen für die Identifikation unnötiger Aufgaben nutzen
- Anerkennungsformen für die Identifikation und Vermeidung unnötiger Aufgaben etablieren

Zu jedem Ansatzpunkt bieten wir Impulsfragen zur Reflexion an, die die Umsetzung in der Praxis erleichtern sollen.

• Sinnhaftigkeit von Aufgaben in Mitarbeitergesprächen reflektieren

Wir empfehlen, in halbjährlichen Mitarbeitergesprächen das gesamte Aufgabenpaket der Mitarbeitenden kritisch zu reflektieren und Aufwand und Nutzen einzelner Aufgaben gut zu prüfen. Womöglich wurden in der Vergangenheit Aufgaben definiert, die heute effizienter erledigt werden können oder gar nicht mehr erledigt werden sollten. Als Ergebnis können Aufgaben weggelassen oder beispielsweise durch Automatisierung aus den Aufgabenpaketen von Beschäftigten genommen werden (siehe hierzu auch das Fallbeispiel in Abschnitt 5.1 sowie die beiliegende Karte „Der Aufgabenkuchen: Ein Instrument zur Analyse von Arbeitsaufgaben unter Wertschätzungsgesichtspunkten“).

Impulsfragen

- Welche Aufgaben werden von den Mitarbeitenden bearbeitet?
- Wie hoch ist dafür jeweils der Zeiteinsatz?
- Welcher Nutzen entsteht durch die Bearbeitung der Aufgaben?

- Wer arbeitet mit den Ergebnissen weiter und in welcher Form? Was ist für die folgenden Arbeitsschritte wirklich notwendig?
- Stehen Zeiteinsatz und Nutzen in einem sinnvollen Verhältnis?
- Welche Aufgaben erscheinen mit Blick auf Aufwand und Nutzen verzichtbar und sollten weggelassen werden?
- Welche Aufgaben können effizienter bearbeitet werden (z. B. durch die Digitalisierung/Automatisierung von Arbeitsschritten)?

Die Impulsfragen können auch in Teambesprechungen und anderen Gruppenformaten, wie Klausurtagen oder Workshops genutzt werden. Teams und Abteilungen sollten ähnlich wie einzelne Mitarbeitende immer wieder ihre Aufgaben kritisch reflektieren: Was ist heute und für die Zukunft an Aufgaben sinnvoll? Was stiftet wirklich einen Mehrwert? Wofür sind interne und externe Kunden bereit etwas zu bezahlen?

Wir empfehlen, insbesondere *Reporting-Aufgaben* kritisch zu hinterfragen. Wenn beispielsweise Berichte und Präsentationen für Führungskräfte und Gremien erstellt werden, können die folgenden Fragen wichtig sein:
- Was wird mit den Berichten tatsächlich gemacht?
- Was wird konkret abgeleitet?
- Was wird wirklich in welchem Umfang benötigt?

• Das innerbetriebliche Vorschlagswesen für die Identifikation unnötiger Aufgaben nutzen

Viele Unternehmen verfügen über ein innerbetriebliches Vorschlagswesen, das für die Einreichung von Ideen genutzt werden kann. Einen Überblick zum Thema bieten Frey und Schulz-Hardt (2000). Dabei sollte eine reine Fokussierung auf Ideen, was noch entwickelt, erweitert und ergänzt werden kann, vermieden werden. Es sollten auch Vorschläge erwünscht sein, was reduziert, weggelassen oder wie etwas effizienter erledigt werden kann. Nachfolgend führen wir einige Impulsfragen auf, mit denen um Vorschläge zur Vermeidung unnötiger Aufgaben, beziehungsweise Arbeitsschritte, geworben werden kann.

Impulsfragen

- Welche Aufgaben oder Arbeitsschritte werden als unnötig wahrgenommen?
- Was kann womöglich weggelassen werden?
- Wo entsteht unnötige Doppelarbeit und wie kann sie vermieden werden?
- Wie kann noch effizienter gearbeitet werden?

- Anerkennungsformen für die Identifikation und Vermeidung unnötiger Aufgaben etablieren

Es ist wahrscheinlich, dass Mitarbeitende von ihren Führungskräften Anerkennung erfahren, wenn sie etwas Neues aufbauen, wenn sie neue Ideen einbringen und umsetzen. Gleichzeitig ist die Frage relevant, ob Mitarbeitende Anerkennung erfahren, die unnötige Aufgaben erkennen und weglassen. Womöglich wird das Neumachen mehr anerkannt als das Weglassen.

Es ist insbesondere ungünstig, wenn Führungskräfte vor allem Anerkennung für Aufgaben erfahren, die ihr Arbeitsbereich neu übernimmt und nicht auch für Aufgaben, die ein Arbeitsbereich weglässt, weil die Aufgaben nicht mehr nötig oder sinnvoll sind. Zu bedenken ist, dass es auch Barrieren für das Weglassen von Aufgaben geben kann, wenn Führungskräfte negative Konsequenzen für Effizienzsteigerungen zu erwarten haben, z. B. Vorwürfe, warum ihnen das nicht früher aufgefallen sei. Hilfreich könnte beispielsweise sein, einen jährlichen „Award" für die Identifikation und das erfolgreiche Weglassen von unnötigen Aufgaben zu vergeben. Nachfolgend geben wir einige Impulse für höhere Führungsebenen, um eine Kultur der Identifikation und Vermeidung unnötiger Aufgaben zu gestalten.

Impulsfragen

- Wie kann das Weglassen unnötiger Aufgaben für Führungskräfte und Teams materiell und immateriell belohnt werden?
- Können Mitarbeitende beispielsweise eine Prämie bekommen, wenn sie etwas Unnötiges weglassen?
- Wie fließt das Weglassen von Unnötigem positiv in die Leistungsbeurteilung mit ein?

4.1.3 Einen respektvollen Umgang im Team fördern

Wir beschreiben in diesem Abschnitt drei Ansatzpunkte zur Förderung eines respektvollen Umgangs im Team, als erstes ein umfassendes Organisationsentwicklungsprogramm – *Civility, Respect and Engagement at the Workplace (CREW)* –, dessen Wirksamkeit gezeigt werden konnte (Leiter et al., 2011).

Als zweiten Ansatz beschreiben wir ein Training zur Förderung von Wertschätzung in Teams. Dabei handelt es sich um ein kurzes Training mit einer Dauer von ca. 1,5 Stunden, das sich relativ einfach in Teams umsetzen lässt. In Abschnitt 5.4 findet sich dazu ein Fallbeispiel mit weiteren Erläuterungen und Materialien, die die Umsetzung in der Praxis erleichtern.

Als dritten Ansatz schlagen wir eine weitere Mikrointervention vor, die sich einfach in Teambesprechungen integrieren lässt: eine Teamrunde zur Förderung von gegenseitigem Verständnis (V) und Würdigung (W) im Team *(VW-Teamrunde)*. Die VW-Teamrunde wurde inspiriert durch die Arbeiten von van Quaquebeke und Eckloff (2010) sowie von Ng (2016). VW-Runden wurden von uns in der Praxis häufig umgesetzt, allerdings nicht systematisch evaluiert.

Das CREW-Programm

Wie gelingt es, in Organisationen ein Klima des Respekts und der Höflichkeit zu schaffen? Antworten auf diese Frage stehen im Zentrum des CREW-Programms (Osatuke, Moore, Ward, Dyrenforth & Belton, 2009; Osatuke et al., 2013). Das Programm wird insbesondere im Gesundheitswesen eingesetzt und wurde mit großen Fallzahlen von mehreren hundert Studienteilnehmern evaluiert (Leiter et al., 2011).

Im Rahmen des Programms setzen sich die Mitarbeitenden auf Teamebene mit den Wirkungen ihres Verhaltens auf Kolleginnen und Kollegen auseinander, um in seiner Wirkung abwertendes Verhalten zu identifizieren und zu modifizieren. Diese Achtsamkeit gegenüber dem eigenen Interaktionsverhalten zu entwickeln, ist ein wesentliches Ziel des Programms: Wie verhalte ich mich meinen Kolleginnen und Kollegen gegenüber? Was bewirkt dieses Verhalten bei meinen Kolleginnen und Kollegen? Welche Verhaltensweisen wirken womöglich verletzend?

Dabei wird angenommen, dass einzelne Verhaltensweisen häufig Ausdruck von Verhaltensnormen in einer Organisation sind, die (soweit erforderlich) im Rahmen des Programms in Richtung eines respektvolleren Umgangs verschoben werden sollen. Im Fokus steht die Ausweitung bereits vorhandener guter Ansätze für ein respektvolles Teamklima.

Das Programm ist in der Regel auf eine Dauer von mindestens 6 Monaten für ein Team angelegt mit zwei bis vier in der Regel einstündigen Treffen pro Monat. Im Rahmen des CREW-Programms sind Workshops mit einzelnen Teams der Hauptbestandteil, wobei weitere Aktivitäten ergänzt werden, z.B. eine zentrale Konferenz für alle Beschäftigten einer Organisation oder die Ausgabe von Informationsschriften an die Mitarbeitenden. In der Regel wird mit einzelnen Pilotteams begonnen, um zunächst Erfahrungen mit dem Programm innerhalb der Organisation zu sammeln und in der Folge Anpassungen vor einer größeren Ausweitung vornehmen zu können.

Osatuke et al. (2013) sehen im CREW-Programm folgende grundlegende Prinzipien verwirklicht:

- Die Ausrichtung des Programms auf das konkrete *Verhalten* der Teammitglieder mit dem Ziel, respektvolles Verhalten zu verstärken und das Verhaltensrepertoire zu erweitern. Über Verhaltensänderungen werden Effekte auf Emotionen und Einstellungen erwartet.

- Die Möglichkeit starker *Partizipation* der Teammitglieder spielt eine große Rolle, indem die Teammitglieder eigene Sichtweisen und Erfahrungen einbringen können und so ein gemeinsam geteiltes Verständnis von respektvollem Verhalten im Team entwickeln. Im Fokus steht nicht Edukation, sondern Diskussion, Rollenspiele und individuelle Verhaltensziele nehmen einen breiten Raum ein.
- Die flexible *Anpassung des Programms* an die Teamgegebenheiten. Was sich Teammitglieder an respektvollem Verhalten vornehmen, kann von Team zu Team variieren.
- Die *Strukturierung des Veränderungsprozesses* mittels moderierter Workshops unter Nutzung von vorbereiteten Materialien für Übungen und Diskussionen.

Als erfolgskritisch für das Programm beschreiben Osatuke et al (2013), dass die Teilnahme der Teams möglichst auf freiwilliger Basis erfolgen sollte, dass das Programm durch höhere Führungskräfte unterstützt wird und dass es in teilnehmenden Teams keine gravierenden Konflikte in der Zusammenarbeit gibt. Die Teams sollten grundsätzlich vertrauensvoll und offen miteinander arbeiten. Es geht darum, die mit Blick auf das Teamklima guten Teams noch ein deutliches Stück besser zu machen.

• Inhalte und Ablauf des CREW-Programms

Die Durchführung des CREW-Programms umfasst die folgenden Schritte:

1. Erhebung des Teamklimas mit Blick auf respektvollen Umgang mittels einer Online-Befragung vor dem ersten Workshop. Hierfür wird die *Civility Scale* genutzt (Osatuke et al, 2009). Mit 8 Items wird der respektvolle Umgang untereinander erfasst, beispielsweise: „In meinem Team gehen die Teammitglieder respektvoll miteinander um.“, „Meinungsverschiedenheiten und Konflikte werden in meinem Team fair gelöst.“, „Unterschiede zwischen Menschen werden in meinem Team respektiert und wertgeschätzt.“ (eigene Übersetzung). Aus den Angaben der Teammitglieder wird für jedes Item ein Mittelwert des Teams gebildet sowie ein Gesamtmittelwert. Diese Ergebnisse werden im ersten Workshop diskutiert, beispielsweise wird besprochen, welche Aspekte von Respekt im Team als besonders stark/schwach ausgeprägt wahrgenommen werden. In der Regel wird die Befragung im Zeitverlauf (mehrmals) wiederholt, um Veränderungen sichtbar und diskutierbar zu machen.
2. Im Workshop miteinander erarbeiten, was ein respektvollerer Umgang dem Team bringen würde (z.B. bessere Teamleistung). Der Nutzen eines respektvollen Miteinanders soll für die Teammitglieder sehr konkret sichtbar werden.
3. Gemeinsam erarbeiten, wie ein respektvoller Umgang im Team konkret aussehen sollte. Ein gemeinsames Verständnis wird angestrebt.

4. Identifizieren, welche Hindernisse (z. B. schlechte Gewohnheiten) der Verwirklichung eines respektvollen Umgangs im Weg stehen.
5. Im weiteren Prozess das Klima mit Blick auf respektvollen Umgang beobachten und positives Verhalten erkennen und würdigen; dies bildet den Kern von CREW-Programmen.
6. Vernetzungen von respektvollem Verhalten mit anderen Werten und Prioritäten der Organisation schaffen.
7. Gemeinsame Würdigung von Verbesserungen des Teamklimas über die Zeit hinweg.

Ein wichtiges Instrument im CREW-Prozess sind Fragen, die den Teams in den Workshops durch die Moderatoren gestellt werden. Osatuke et al. (2009) empfehlen unter anderem die folgenden Fragen (eigene Übersetzung): Was machen wir gut? Was sollten wir verbessern? Wie können wir unsere Stärken nutzen, um unsere Ergebnisse bei der Online-Befragung zu verbessern? Wie kann jeder von euch einen positiven Beitrag zu den Werten leisten?

Auch durch andere Methoden werden Reflexions- und Diskussionsprozesse angeregt, beispielsweise durch Sätze, die offen enden und von den Teammitgliedern ergänzt werden (Osatuke et al., 2009; eigene Übersetzung):

- „Für mich ist es ein toller Arbeitstag, wenn ..."
- „Ich fühle mich wertgeschätzt, wenn ..."
- „Wenn ich bei meiner Arbeit eine Sache verändern könnte, dann würde ich ..."

Auch Diskussionsthemen werden vorgeschlagen (Leiter et al., 2011; eigene Übersetzung): Wie zeigen wir uns hier untereinander Respekt? Wie zeigen wir uns hier untereinander Respektlosigkeit? Ein Toolkit mit insgesamt 40 Diskussionsthemen und Übungen (z. B. zum aktiven Zuhören, zur Konfliktbewältigung) steht den Moderatoren zur Verfügung. Weitere konkrete Anregungen finden sich bei Osatuke et al. (2009) sowie Leiter et al. (2011).

Ein kompaktes Wertschätzungstraining für Arbeitsteams

Hahn, Häfner und Kempen (2022) beschreiben ein kompaktes Wertschätzungstraining für Arbeitsteams mit einer Dauer von ca. 1,5 Stunden, das zur Förderung von wertschätzendem Umgang in Teams beitragen soll. Im Unterschied zu CREW als einem umfassenden Organisationsentwicklungsprogramm handelt es sich um eine Mikrointervention, mit der drei wertschätzende Verhaltensweisen in Teaminteraktionen gefördert werden sollen.

• Inhalte des Wertschätzungstrainings

Im Wertschätzungstraining werden die folgenden Inhalte behandelt:

- Sich bewusst bei Kolleginnen und Kollegen im Team bedanken

- Kolleginnen und Kollegen um ihre Meinung bitten
- Besprechungen im Team positiv beginnen

Die Trainingsteilnehmer werden dazu eingeladen, sich mit ihrem konkreten Interaktionsverhalten zu beschäftigen und zu überlegen, ob sie die beschriebenen wertschätzenden Verhaltensweisen anders oder häufiger in ihrem beruflichen Alltag umsetzen möchten. Das kann beispielsweise bedeuten, dass floskelhaftes Bedanken durch ein konkretes „Danke" für eine bestimmte Hilfestellung ersetzt wird (z. B. „Vielen Dank, dass du mir bei dieser Aufgabe geholfen hast, obwohl du selbst viel zu tun hast. Du hast mir echt gute Ideen gegeben, die ich nutzen werde."). Die Teammitglieder werden zudem dazu aufgefordert, sich zu überlegen, in welchen Situationen und bei welchen Themen es sinnvoll sein könnte, andere um ihre Meinung zu bitten, da die meisten Menschen es als sehr wertschätzend empfinden, nach der eigenen Meinung gefragt zu werden.

Weiterhin wird empfohlen, Besprechungen im Team damit zu beginnen, dass zunächst darüber gesprochen wird, was in der Zusammenarbeit gut klappt, was seit der letzten Besprechung gemeinsam erreicht worden ist, was in der Zusammenarbeit beibehalten werden soll und was gemeinsam gelernt wurde. So soll die bisherige Zusammenarbeit gewürdigt und gemeinsame Erfolge anerkannt werden.

In Abschnitt 5.4 gehen wir noch näher auf das Training ein und stellen unter anderem den Trainerleitfaden und Materialien aus dem Training zur Verfügung.

• Evaluationsergebnisse zum Wertschätzungstraining

In einer ersten experimentellen Interventionsstudie finden sich Hinweise auf mögliche Effekte des Trainings auf das Stresserleben. 12 Teams nahmen entweder am Wertschätzungstraining teil oder an einem alternativen Training zur Arbeitsorganisation im Team. Für die Teilnehmer am Wertschätzungstraining zeigt sich eine signifikante Reduktion des Stresserlebens (Selbsteinschätzung von Items wie z. B. „Sie fühlen sich angespannt", „Sie fühlen sich ruhig", „Sie fühlen sich mental erschöpft") zwei Wochen nach dem Training im Vergleich zu der Erhebung vor dem Training, während das Stresserleben in der Kontrollgruppe unverändert bleibt[9]. Die Teilnehmer am Wertschätzungstraining geben nach dem Training eine relativ häufige Nutzung der vermittelten Anregungen an. Interessant ist, dass Teammitglieder mit geringerem Selbstwert stärker vom Wertschätzungs-

9 Wie beschrieben, ergibt sich für die Teilnehmer am Wertschätzungstraining eine signifikante Verbesserung des Stresserlebens, während das Stresserleben in der anderen Gruppe (Kontrollgruppe) stabil bleibt. Allerdings verfehlt die Interaktion knapp das 5 %-Signifikanzniveau. Der Effekt sollte deshalb eher als Tendenz interpretiert und durch weitere Interventionsstudien genauer untersucht werden.

training profitieren[10]. Die Befunde deuten darauf hin, dass ein sehr kurzes Training zur Förderung von Wertschätzung Effekte auf das Stresserleben haben kann.

Die VW-Teamrunde

Wir empfehlen, regelmäßige Teambesprechungen, die beispielsweise monatlich stattfinden, mit einer Teamrunde zu verknüpfen, in deren Rahmen gegenseitiges Verständnis und Würdigung explizit thematisiert werden. VW steht dabei für Verständnis und Würdigung im Team. In Ergänzung zur CREW-Intervention oder zum Wertschätzungstraining kann mit der hier vorgeschlagenen Intervention sehr einfach ein bestehendes Führungsinstrument, die Teambesprechung, als Wertschätzungsinstrument genutzt werden.

• Inhalte und Ablauf der VW-Teamrunde

Ganz praktisch kann dies so gestaltet werden, dass alle Teammitglieder reihum wie bei einem „Blitzlicht" am Anfang zu folgenden Fragen zu Wort kommen:
- Welche Aufgaben beschäftigen mich im Moment?
- Welche Herausforderungen erlebe ich gerade bei der Bewältigung meiner Aufgaben?
- Was beschäftigt mich sonst bei meiner Arbeit?
- Wie geht es mir aktuell mit meinen Aufgaben?

Pro Teammitglied sollten 3 bis 5 Minuten für diese Teamrunde vorgesehen werden. Hilfreich kann dabei eine Stoppuhr sein. Wir empfehlen diese Intervention insbesondere bei Teamgrößen von bis zu 10 Teammitgliedern. Bei größeren Teams ist es aus unserer Sicht sinnvoll, eine Beschränkung auf eine Frage vorzunehmen (z.B. Wie geht es mir aktuell mit meinen Aufgaben?) mit einer Redezeit von ca. 2 Minuten pro Teammitglied.

Die o.g. Fragen zielen darauf ab, dass alle Teammitglieder mit ihren Aufgaben, erlebten Anforderungen und ihren Beiträgen zum Team sichtbar werden und voneinander wissen, was einzelne Kolleginnen und Kollegen gerade umtreibt. Es soll deutlich werden, dass alle mit ihren jeweiligen Aufgaben gesehen werden, dass alle wichtig sind und es von Bedeutung ist, wie es den Kolleginnen und Kollegen bei der Arbeit geht. Gerade auch schwierige Herausforderungen sollen anerkannt

10 In einer separaten Auswertung wurden die statistischen Analysen für Teilnehmer mit unterdurchschnittlichem Selbstwert vorgenommen. Für diese Teilnehmer zeigt sich in der Wertschätzungsgruppe ein deutlicherer Rückgang des Stresserlebens als für die Gesamtgruppe aller Teilnehmer am Wertschätzungstraining. Zudem wird auch der Interaktionseffekt für diese Subgruppe für das Stresserleben (Anspannung) signifikant. Dieses Ergebnis kann als deutlicher Hinweis auf die Wirksamkeit des Trainings für Beschäftigte mit geringerem Selbstwert interpretiert werden.

und jeder Einzelne als Person und mit seinen Beiträgen für das Team gewürdigt werden. Das kann auch direkt angesprochen werden:

- „Danke, dass du dich um diese Aufgabe kümmerst."
- „Deine aktuelle Situation hört sich ganz schön anstrengend an. Danke, dass du dich bei deiner neuen Aufgabe so einbringst."

Die Fragen lassen sich ergänzen, um gegenseitige Unterstützung zu erschließen: Zu welchem Thema hätte ich gerne Meinungen aus dem Team? Bei welchen Aufgaben bräuchte ich Unterstützung? Was möchte ich gerne ins Team zur Entscheidungsfindung einbringen?

4.1.4 Leistungsbeurteilungen fair gestalten

Was kann die Geschäftsleitung tun, damit es im Unternehmen fair zugeht? In diesem Abschnitt geben wir Empfehlungen für faire Leistungsbeurteilungen. Wir haben das Thema aus zwei Gründen ausgewählt. Erstens dürften Leistungsbeurteilungen in nahezu allen Organisationen Relevanz haben. Sie bilden die Grundlage für wichtige Entscheidungen, insbesondere Gehaltssteigerungen und Beförderungen. Zweitens gibt es vielversprechende Forschungsbefunde, die für die Praxis genutzt werden können.

Wer sich grundsätzlich mit der Gestaltung von Leistungsbeurteilungen beschäftigen möchte, findet einschlägige Literatur mit vielfältigen und umfangreichen (forschungsbasierten) Empfehlungen für die Praxis (z.B. Lohaus, 2009; Lohaus & Schuler, 2014), beispielsweise mit Blick auf die psychometrische Qualität von Instrumenten zur Leistungsbeurteilung. Wir fokussieren in diesem Abschnitt die Fairnessperspektive.

In Tabelle 11 geben wir Empfehlungen, die sich auf die dargestellten Modelle und Forschungsbefunde stützen (siehe Abschnitt 2.4). Ergänzend skizzieren wir ein fiktives Beispiel, das der Veranschaulichung dient und Anregungen zur konkreten Umsetzung beinhaltet. Praktische Vorschläge zum Ablauf einer Leistungsbeurteilung und eine entsprechende Checkliste finden sich bei Felfe (2009).

Tabelle 11: Grundlegende Empfehlungen für die Gestaltung von Leistungsbeurteilungen

Empfehlungen	Anregungen zur konkreten Umsetzung
Mitarbeitende im Beurteilungsprozess gleich behandeln	
• Mitarbeitende mit gleichen Tätigkeiten und Funktionen anhand der gleichen Kriterien beurteilen • Möglichst alle Mitarbeitenden sollten Leistungsbeurteilungen erfahren/Ausnahmen sollten nachvollziehbar begründet werden.	In einem Unternehmen werden Jobfamilien gebildet, in denen Mitarbeitende mit gleichen Tätigkeiten zusammengefasst werden (z.B. Mitarbeitende im Einkauf, in der IT). Für jede dieser Jobfamilien werden Leistungskriterien definiert, die dann für alle Mitarbeitende des jeweiligen Bereiches Gültigkeit haben.

Tabelle 11: Fortsetzung

Empfehlungen	Anregungen zur konkreten Umsetzung
• Der Beurteilungsprozess sollte für alle gleich sein.	
Andere, irrelevante Einflüsse vermeiden	
• Maßnahmen ergreifen, um Verzerrungen durch unterschiedliche Urteilstendenzen (z.B. Strengetendenz, Mildetendenz, Tendenz zu extremen Urteilen) oder Sympathieeffekte bei den Beurteilenden unwahrscheinlicher zu machen • Herausarbeiten und Klarheit herstellen, welche Einflüsse als irrelevant gelten sollen (z.B. Orientierung der Beurteilung am Alter, Familienstatus, an Forderungen der Mitarbeitenden) • Möglichst Leistungskriterien berücksichtigen, die durch die Mitarbeitenden direkt beeinflusst werden können • Differenzierung von Verhalten und Resultaten • Bei Resultaten als Leistungskriterien mögliche externe Einflüsse berücksichtigen • Maßnahmen ergreifen, um politische Einflüsse bei Beurteilungen zu verringern	Die Leistungskriterien und die dazugehörigen Skalen werden verhaltensnah beschrieben, den Führungskräften in Trainings vermittelt und Leistungsbeurteilungen im Training konkret geübt. Die Geschäftsleitung entschließt sich dazu, das Verhalten der Mitarbeitenden zu beurteilen und nicht Resultate, da diese von vielen Faktoren beeinflusst werden, die eine einzelne Person nicht oder nur eingeschränkt unter ihrer Kontrolle hat (z.B. Abhängigkeiten von anderen Abteilungen, konjunkturelle Einflüsse). Die Leistungsbeurteilung muss den Mitarbeitenden anhand konkreter Beispiele (z.B. Verhaltensbeobachtungen durch die Führungskraft) erläutert werden. Die Leistungsbeurteilungen eines Teams müssen durch die Führungskraft gegenüber der nächsthöheren Führungskraft begründet werden.
Relevante und korrekte Informationen nutzen	
• Leistungsbeurteilungen anhand sorgsam definierter Kriterien und dazu passender Verfahren vornehmen • Gut klären und allen Betroffenen erklären, was alles unter Leistung in einer Organisation verstanden werden soll, z.B.: konkretes Verhalten bei der Arbeit, die Erreichung quantitativer und qualitativer Ziele, die Bereitschaft anderen zu helfen, kreative Ideen, die Übernahme zusätzlicher Aufgaben/Funktionen neben der eigentlichen Rolle, besondere Anstrengungen/Engagement, die effektive und effiziente Nutzung der Arbeitszeit • Durch einen umfassenden Leistungsbegriff vermeiden, dass wichtige Beiträge von Mitarbeitenden übersehen werden • In der Leistungsbeurteilung vor allem Verbesserungen im Vergleich zu früheren Leistungen anerkennen	In die Entwicklung der Kriterien, Skalen und Leitfäden zur Umsetzung der Leistungsbeurteilung werden Beschäftigte unterschiedlicher Hierarchieebenen eingebunden, die beispielsweise in Workshops diskutieren, welche Leistungsaspekte einbezogen werden sollen. Die Geschäftsleitung möchte das Innovationsklima unter anderem über die Leistungsbeurteilung fördern. Je nach Bereich werden verschiedene Kriterien entwickelt: Anzahl angemeldeter Patente, finanziell bewerteter Nutzen eingereichter Verbesserungsideen, Qualität der eingebrachten Vorschläge bei Teambesprechungen. Im Unternehmen wird darauf geachtet, dass eine Führungskraft möglichst nicht mehr als 10 Mitarbeitende führt, damit die Führungskraft mit jedem Mitarbeitenden ausreichende Beobachtungsgelegenheiten hat.

Tabelle 11: Fortsetzung

Empfehlungen	Anregungen zur konkreten Umsetzung
• Mitarbeitende in die Zusammenstellung der Informationsgrundlage für die Leistungsbeurteilung einbeziehen, damit wichtige Aspekte (aus Sicht der Mitarbeitenden) nicht übersehen werden • Dafür Sorge tragen, dass die Beurteilenden eine umfassende Informationsbasis haben und nicht Einzelbeobachtungen generalisiert werden • Die Beurteilenden gut darin trainieren, die relevanten Informationen zusammenzustellen und angemessen zu verarbeiten • Überlegungen anstellen, wie neben kurzfristiger Leistung auch mittel- und langfristige Leistungsaspekte einbezogen werden können	Zur Vorbereitung auf das Gespräch zur Leistungsbeurteilung erhalten die Mitarbeitenden verschiedene Fragen, zum Beispiel: „Welche Erfolge/Leistungen sind dir für die Leistungsbeurteilung wichtig?", „Was ist dir in den letzten 12 Monaten besonders gut gelungen?", „Welche Beiträge hast du ins Team/ins Unternehmen eingebracht?" Die Antworten fließen in die Leistungsbeurteilung mit ein.
Korrigierbarkeit der Beurteilung sicherstellen	
• Beschwerdemöglichkeit schaffen • Einen systematischen Prüfungs- und Klärungsprozess für Beschwerden definieren • Bei Beschwerden eine neutrale Instanz involvieren	Im Unternehmen gibt es bei Beschwerden zur Leistungsbeurteilung das Angebot klärender Gespräche zwischen dem betroffenen Mitarbeiter, der betroffenen Führungskraft sowie einem Vertreter der Personalabteilung und Mitarbeitervertretung. Personalabteilung und Mitarbeitervertretung fungieren dabei als Vermittler.
Ethische und moralische Standards einhalten	
• Kriterien der Leistungsbeurteilung dahingehend prüfen, ob sie bestimmte Mitarbeitergruppen benachteiligen • Bei der Entwicklung der Leistungsbeurteilung potenziell benachteiligte Mitarbeitergruppen mit einbinden (z.B. Beschäftigte mit Behinderungen) • Die Privatsphäre und Arbeitnehmerrechte im Kontext der Leistungsbeurteilung wahren (z.B. Mitarbeitende nicht dazu drängen, Informationen über ihr Privatleben preiszugeben, die sie nicht mitteilen möchten) • Dafür Sorge tragen, dass Beschäftigte mit unterschiedlich ausgeprägten Kompetenzen und Fähigkeiten (z.B. Sprachkenntnisse, kognitive Fähigkeiten) die einzelnen Aspekte der Leistungsbeurteilung (z.B. die Kriterien) verstehen können	Im Unternehmen wird für alle Kriterien sorgsam abgewogen, ob möglicherweise Mitarbeitergruppen benachteiligt werden. Wären beispielsweise die geleisteten Überstunden ein Leistungskriterium, so könnte dies Mitarbeitende benachteiligen, die dazu nicht oder nur eingeschränkt in der Lage sind (z.B. wegen zu pflegender Angehöriger, zu betreuender Kinder).

Tabelle 11: Fortsetzung

Empfehlungen	Anregungen zur konkreten Umsetzung
Alle Betroffenen einbinden	
• Mitarbeitende in die Entwicklung der Leistungsbeurteilungsinstrumente und -prozesse einbeziehen • Von Anfang an Transparenz für die Beschäftigten schaffen, welche Aspekte in die Leistungsbeurteilung einfließen, wie die Kriterien und der Beurteilungsprozess gestaltet sind • Argumente von Mitarbeitenden mit Interesse aufnehmen und im Prozess der Beurteilung bedenken • Mitarbeitenden einen relevanten Anteil an Redezeit im Beurteilungsgespräch ermöglichen • Die beurteilenden Führungskräfte umfassend in der Handhabung der Leistungsbeurteilung trainieren	Die Mitarbeitenden können sich zunächst selbst bewerten. Unabhängig davon nimmt die Führungskraft eine Einschätzung vor. Abweichungen werden miteinander diskutiert und gegebenenfalls Kompromisse geschlossen, wobei die finale Entscheidung bei der Führungskraft liegt. Die Führungskräfte erhalten einen Leitfaden für das Gespräch zur Leistungsbeurteilung, dessen Einsatz unter anderem zu mehr Partizipation beitragen soll. Dies geschieht beispielsweise durch die folgenden Fragen: „Wie nachvollziehbar ist die Leistungsbeurteilung für dich?", „In welchen Bereichen möchtest du dich verbessern?", „Wie könnte dir das gelingen?", „Was benötigst du dazu an Unterstützung?"
Den Fokus auf Ermutigung und Entwicklung legen	
• Leistungsbeurteilungen so ausgestalten, dass sie motivierend wirken können (z.B. sich verbessern zu wollen) • Leistungsbeurteilungen mit der Erarbeitung von Entwicklungszielen und Entwicklungsangeboten verknüpfen • Zwischen Leistungsbeurteilungen Feedback zu Verbesserungen oder Verschlechterungen geben	Negative Leistungsbeurteilungen müssen mit Anregungen zur Verbesserung und Unterstützungsangeboten verknüpft werden. Feedback zu vereinbarten Zielen wird auch außerhalb der jährlichen Leistungsbeurteilung gegeben. Im Feedback immer auch positive Rückmeldungen einbeziehen. Auf vorhandene Kompetenzen Bezug nehmen, wenn über notwendige Verbesserungen gesprochen wird.
Gespräche zur Leistungsbeurteilung wertschätzend gestalten	
• In Gesprächen Verständnis für Enttäuschungen signalisieren • Ungünstige externe Einflüsse würdigen • Die Bewertungen ehrlich, ernsthaft und nachvollziehbar begründen und Fragen dazu transparent beantworten	Im Führungskräftetraining zum Umgang mit der Leistungsbeurteilung darauf eingehen, wie externe Einflussfaktoren auf die Leistung identifiziert und angemessen gewürdigt werden können.
Leistungsbeurteilungen mit angemessenen Anerkennungsformen verknüpfen	
• Gute Leistungen angemessen materiell und immateriell anerkennen • Dafür Sorge tragen, dass die Gehaltsentwicklung und Karriereentscheidungen nicht entkoppelt von Leistungsbeurteilungen stattfinden	Gute Ergebnisse in der Leistungsbeurteilung können durch Leistungsprämien anerkannt werden bzw. durch höhere Gehaltssteigerungen.

4.1.5 Die Entwicklung von Freundschafts- und Ratgebernetzwerken fördern

Beschäftigte profitieren in vielerlei Hinsicht von positiven sozialen Interaktionen bei der Arbeit, die von gegenseitiger Wertschätzung, Sicherheit und Vertrauen geprägt sind (Leiter et al., 2011). In Abschnitt 2.5 sind wir auf die Bedeutung von Freundschafts- und Ratgebernetzwerken für das Erleben von Wertschätzung bei der Arbeit eingegangen und haben in Abschnitt 3.2.4 bereits einige Vorschläge dazu gemacht, wie Freundschafts- und Ratgebernetzwerke gefördert werden können. In diesem Abschnitt möchten wir weitere Ansatzpunkte ergänzen und das Vorgehen genauer erläutern.

In den beiden Kästen „Förderung von Freundschaftsnetzwerken“ und „Förderung von Ratgebernetzwerken“ geben wir einen Überblick über mögliche Ansatzpunkte und veranschaulichen diese anhand von Beispielen. Die Ansätze zur Förderung von Freundschaftsnetzwerken zielen darauf ab, dass Beschäftigte Gelegenheiten geboten bekommen, um sich in einem informellen Rahmen treffen und zu privaten Themen austauschen zu können. Es geht um näheres Kennenlernen, losgelöst von der Bearbeitung der Arbeitsaufgaben, wenngleich die Angebote in den Arbeitsalltag integriert werden können.

Förderung von Freundschaftsnetzwerken	
Unternehmensevents	• Feiern für Mitarbeitende mit Betriebsjubiläen • Monatliche Events (z. B. Happy Hour, After Work Party) • Feiern zu besonderen Anlässen (z. B. besondere Unternehmenserfolge wie Umsatzrekorde) • Betriebsfeste (z. B. Weihnachtsfeier, Sommerfest)
Treffpunkte	• Betriebsrestaurant • Sportraum • Teamübergreifende Coworking Spaces • Gemütliche Räume und Ecken (z. B. Tischkicker, Sofaecken, Teeküchen) • Virtuelle Treffen (z. B. Kaffeepausen, Spieleabende, Schokoladenverkostung)
Freizeitaktivitäten	• Betriebssportgruppen • Meditationsangebote • Sportkurse • Initiierung von Freizeitgruppen (z. B. Theatergruppe, Band) • Vernetzungsangebote für Mitarbeitende mit gemeinsamen Hobbys (z. B. Aushänge am schwarzen Brett, Online-Plattformen)
Team-Events	• Teambesprechungen mit gemeinsamem Frühstück verknüpfen • Gemeinsame Mittags-/Kaffeepausen • Teamausflüge • Gemeinsame Spaziergänge in der Mittagspause • Private Unternehmungen (z. B. Spieleabend, gemeinsames Kochen)

Die Ansätze zur Förderung von Ratgebernetzwerken zielen darauf ab, Kolleginnen und Kollegen in fachlichen Austausch miteinander zu bringen und fachliche Diskussionen anzuregen. Das Einholen von Meinungen oder auch konkreter fachlicher Unterstützung bei einer Aufgabe sollen gefördert werden. Dies setzt auch voraus, dass die Fachkompetenzen von Kolleginnen und Kollegen in der Organisation sichtbar gemacht werden.

Förderung von Ratgebernetzwerken	
Onboarding/ Einarbeitungsprogramme	• Interaktionsfördernde Lernformate (z. B. gemeinsam Aufgaben bearbeiten, Erfahrungen teilen, Lerngruppen für Prüfungen bilden) • Welcome-Tage • Treffen initiieren (z. B. Mittagessen, Kaffeepausen) • Module auf mehrere Monate verteilt • Kombination aus digital und Präsenz • In festen Gruppen (z. B. für Verkäufer, Entwickler, Einkäufer, Produktionsmitarbeiter)
Mentoring/ Patenmodelle	• Tandems aus Experten und Novizen • Anregungen für die Gestaltung an die Tandems geben (z. B. Leitfaden, Seminare) • Materielle/immaterielle Anerkennung für Mentoren/Paten • Training und Erfahrungsaustausch für Mentoren/Paten anbieten
Thematische Vernetzung	• Fachkompetenzen und Hilfsangebot von Mitarbeitenden in der Organisation bekannt machen (z. B. Profile auf digitalen Plattformen/Intranet) • Mitarbeitende mit gleichen/ähnlichen Themen und fachlichem Interesse zusammenbringen (punktueller oder langfristiger Austausch, in Präsenz- und Onlineformaten) • Veranstaltungen, in denen Teams/Abteilungen ihre Arbeit vorstellen
Vernetzende Arbeitsformate	• Zusammenarbeit in bereichsübergreifenden Projektteams (Ergänzend zum Tagesgeschäft oder als Hauptaufgabe, Team bewusst heterogen gestaltet, materielle oder immaterielle Anerkennung für Projektmitarbeiter/Projektleiter) • Job Rotation (für eine Woche, Monate oder Jahre, horizontal und/oder vertikal, Kompetenzerweiterung/Lernchancen)
Hierarchische Vernetzung	• Hierarchieübergreifende Workshops (z. B. zu neuen Geschäftsmodellen/Produkten/Dienstleistungen, zur Verbesserung von Arbeitsbedingungen) • Präsentationsmöglichkeiten für Sachbearbeiter in Leitungsgremien (Unterstützung für Ideen gewinnen, Ressourcen bekommen, Entscheidungen beeinflussen können)

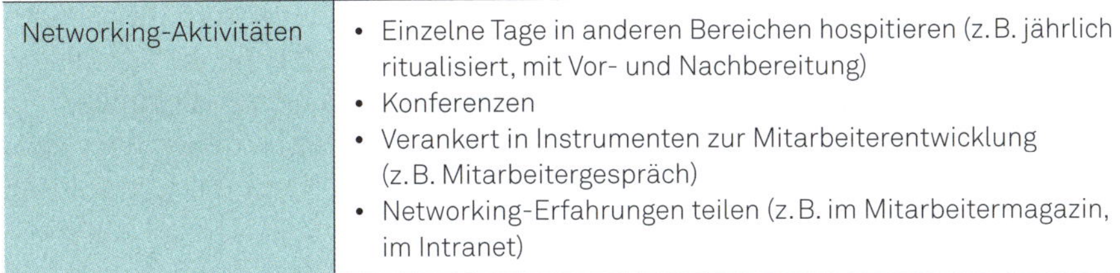

Networking-Aktivitäten	• Einzelne Tage in anderen Bereichen hospitieren (z. B. jährlich ritualisiert, mit Vor- und Nachbereitung) • Konferenzen • Verankert in Instrumenten zur Mitarbeiterentwicklung (z. B. Mitarbeitergespräch) • Networking-Erfahrungen teilen (z. B. im Mitarbeitermagazin, im Intranet)

Nachfolgend beschreiben wir drei Vorschläge genauer und geben Empfehlungen für die Implementierung in der Praxis mit an die Hand. Wir haben hierzu die Ansätze Onboarding-/Einarbeitungsprogramme, Networking-Aktivitäten und Treffpunkte ausgewählt. Darüber hinaus stellen wir zum Thema Mentoring/Patenmodelle in Kapitel 5 ein Fallbeispiel aus der Praxis zur Vertiefung und Veranschaulichung vor (siehe Abschnitt 5.2).

Onboarding-/Einarbeitungsprogramme

An dieser Stelle möchten wir auf die Gestaltung von Welcome-Tagen als Bestandteil des Onboarding-Prozesses eingehen. *Welcome-Tage* finden in vielen Organisationen statt: Neue Mitarbeitende, die zu einem ähnlichen Zeitpunkt begonnen haben, nehmen beispielsweise in Gruppen von 20 Kolleginnen und Kollegen an solchen Tagen teil. Sie können auf wenige Tage oder auch auf einen längeren Zeitraum von ein oder zwei Wochen hin angelegt sein; teilweise auch mit zeitlicher Unterbrechung. Solche Welcome-Tage können neben anderen die folgenden Programmpunkte beinhalten (vgl. auch Häfner & Truschel, 2022):

- Informationen zu Geschäftsmodell und Unternehmensstrategie, zu Unternehmenswerten und zur Unternehmensgeschichte
- Kennenlernen wichtiger Ansprechpartner im Unternehmen (z. B. Betriebsarzt, Fachkraft für Arbeitssicherheit, Mitarbeitervertretung)
- Informationen zu Mitarbeiterangeboten (z. B. zur betrieblichen Altersvorsorge, zu Rabattaktionen, zu Angeboten des Gesundheitsmanagements)
- ...

Wie kann es nun gelingen, durch solche Welcome-Tage die Entwicklung von Freundschafts- und Ratgebernetzwerken zu fördern? Grundsätzlich erscheint uns dieses Veranstaltungsformat hierfür gut geeignet, da in der Regel Kolleginnen und Kollegen aus verschiedenen Bereichen teilnehmen, die sich als Einsteiger in die Organisation alle in einer ähnlichen Situation befinden: Alle müssen in der neuen Organisation ankommen und freuen sich über soziale Unterstützung, einige sind womöglich für die Arbeit umgezogen und suchen private Kontakte, die meisten werden sich im Unternehmen ein Netzwerk aufbauen wollen. Damit bei den Welcome-Tagen dafür eine gute Grundlage geschaffen wird, empfehlen wir, die Veranstaltung nicht mit Inhalten zu überfrachten (z. B. in Form mehrerer Präsentationen, die hintereinander gehalten werden), sondern den Fokus auf die Gestaltung von Interaktionen zu legen. Es geht darum, dass sich die neuen Kolleginnen und Kollegen in der Belegschaft willkommen fühlen und Interesse erleben. Das kann beispielsweise bedeuten, dass Führungskräfte der oberen Hierarchieebenen sich Zeit für persönliche Gespräche mit den neuen Kolleginnen und Kollegen nehmen und ihnen Fragen zu ihrem Ankommen im Unternehmen, ihren bisherigen Erfahrungen etc. stellen. So kann Wertschätzung gefördert werden. Steht wenig Zeit zur Verfügung, würden wir Interaktionsmöglichkeiten den Vorzug vor Inhalten geben. Viele Inhalte lassen sich in separaten Trainingsmodulen vermitteln, in Eigeninitiative erarbeiten oder in E-Learnings zur Verfügung stellen. Nachfolgend geben wir einige konkrete Anregungen zur Stärkung positiver Interaktionen, die von gegenseitigem Interesse und Respekt geprägt sind.

Die Kolleginnen und Kollegen stellen sich in Kleingruppen von ca. 5 Personen ihre jeweilige Arbeit gegenseitig vor (setzt voraus, dass die Mitarbeitenden schon einige Tage oder besser noch ein oder zwei Wochen in ihrem Bereich gearbeitet haben): Was mache ich bei meiner Arbeit? Wie sieht bei mir ein typischer Tagesablauf aus? Mit welchen Bereichen im Unternehmen arbeite ich zusammen? Was sind Herausforderungen bei meiner Arbeit? Auf welche Ansprechpartner bin ich bereits zugegangen? Wie hat mir das geholfen? Bei der Zusammenstellung der Gruppen kann auch darauf geachtet werden, dass Kolleginnen und Kollegen zusammen in eine Gruppe kommen, die Abteilungen angehören, die in der Praxis Berührungspunkte haben. Im besten Fall wird so gegenseitiges Verständnis gefördert. Die Gruppen sollten klein sein, damit ein vertraulicher, persönlicher Rahmen entstehen kann, der alle dazu einlädt, sich offen einzubringen. So kann eine Grundlage für vertiefte Kontakte geschaffen werden, aus denen sich möglicherweise später auch Freundschaften als wichtige Quelle für Wertschätzung entwickeln. In der Praxis haben wir dies häufig beobachtet.

Die Kolleginnen und Kollegen interviewen sich in Kleingruppen anstatt einer Vorstellungsrunde im Plenum. Gegebenenfalls kann pro Gruppe ein Gruppensprecher bestimmt werden, der im Anschluss im Plenum seine Gruppenmitglieder allen vorstellt. Für die Kleingruppenarbeit eignen sich beispielsweise die folgenden Fragen: Was habe ich vorher gemacht? Wo komme ich her? Was möchte ich gerne Privates teilen (z. B. Hobbys)? Gerade bei diesem Format sind vielfältige Modifikationen möglich, die privaten Austausch anregen. So könnten die Kleingruppen beispielsweise auch folgende Fragen erhalten, die stark auf private Themen fokussieren: Welches meiner bisherigen Urlaubsziele empfehle ich gerne weiter und weshalb? Was mache ich gerne in meiner Freizeit?

In den Ablauf der Welcome-Tage gemeinsame Aktivitäten einbauen, die informelle Gespräche ermöglichen: gemeinsames Kochen im Betriebsrestaurant, ein gemeinsamer Spaziergang, ein Kunstwerk gemeinsam gestalten, Improvisationstheater, sportliche Aktivitäten. Die Kolleginnen und Kollegen erleben sich so in einem anderen Rahmen und können gemeinsame Interessen entdecken, die als Basis für spätere Freundschaften dienen können.

Informelle Gespräche entstehen oft in den Pausen. Stehen beispielsweise Stehtische bereit und werden in den Pausen Getränke und Obst angeboten, so können relativ einfach Gespräche unter den Kolleginnen und Kollegen gefördert werden. Zu den Pausenzeiten können auch Führungskräfte oder Experten aus dem Unternehmen eingeladen werden, um weitere Kontaktmöglichkeiten zu eröffnen. Dies setzt jedoch voraus, dass Pausen auf mindestens 30 Minuten angelegt und im Ablauf der Veranstaltung nicht eingekürzt oder weggelassen werden.

Workshops mit eher offenen Themen anbieten, die die Kolleginnen und Kollegen miteinander ins Gespräch bringen:

- Meine ersten Eindrücke bei uns im Unternehmen ...
- Was mir bisher gut gefallen hat ...
- Was ich bisher als herausfordernd erlebt habe ...
- Was ich bisher gelernt habe und auch für andere interessant sein könnte ...
- Welche privaten Erfahrungen mir bei meiner Arbeit helfen ... (z. B. aus Familie, Hobbys, Ehrenamt)
- Was mich in den ersten Tagen zum Lachen gebracht hat ...

Networking-Aktivitäten

Nach den Welcome-Tagen empfehlen wir, weiter Vernetzungen im Unternehmen anzuregen. Auch dabei geht es darum, positive soziale Interaktionen zu fördern, die als wertschätzend wahrgenommen werden (z. B. Interesse für die Arbeit von Kolleginnen und Kollegen zeigen, Verständnis für besondere Herausforderungen bei Kolleginnen und Kollegen entwickeln). Zudem können Reibungen zwischen Abteilungen reduziert werden.

Um Networking-Aktivitäten anzuregen, empfehlen wir, *Networking-Tage* im Jahresablauf fest zu verankern. Das kann bedeuten, dass alle Beschäftigten beispielsweise einen oder zwei Tage im Jahr in einer anderen Abteilung verbringen. Im Mitarbeitergespräch am Jahresende kann zwischen Mitarbeiter und Führungskraft überlegt werden, in welchen Bereichen und wann solche Networking-Tage sinnvoll sein können. Bei der Auswahl passender Networking-Bereiche können verschiedene Überlegungen eine Rolle spielen:

- Gibt es Abteilungen, die ähnliche Aufgaben haben und von denen im Sinne von Benchmarking etwas gelernt werden kann?
- Welche Abteilungen haben mit Blick auf Themen wie beispielsweise Kundenzufriedenheit, Arbeitseffizienz oder Digitalisierung einen guten Ruf, sodass es spannend sein könnte, sich etwas abzuschauen?

- Mit welchen Bereichen wird viel zusammengearbeitet, sodass mehr persönlicher Kontakt für die Arbeit hilfreich sein könnte?
- Mit welchen Abteilungen gibt es immer wieder einmal Reibungspunkte? Womöglich können Networking-Tage helfen, um Themen zu klären und mehr Verständnis füreinander zu schaffen.
- Welche Abteilungen arbeiten mit den eigenen Arbeitsergebnissen weiter? Womöglich kann es für die eigene Arbeit hilfreich sein, zu sehen, wie mit den eigenen Arbeitsergebnissen ganz konkret weitergearbeitet wird.

Für neue Kolleginnen und Kollegen können solche Networking-Tage im Einarbeitungsplan fest verankert werden. Wenn Führungskräfte in ihrer Einarbeitungszeit und auch noch danach ebenfalls solche Networking-Tage umsetzen, so kann dies die Beschäftigten zur Nachahmung anregen. Wir empfehlen eine gute Vor- und Nachbereitung solcher Tage im Gespräch zwischen Führungskraft und Mitarbeiter:

- Was interessiert dich an der anderen Abteilung?
- Welche Prozesse möchtest du besser verstehen?
- Welche Themen möchtest du zur Klärung mitnehmen?
- Was möchtest du gerne ansprechen, um die Zusammenarbeit zu verbessern?
- Was hast du aus deinem Networking-Tag an Einblicken und Erfahrungen mitnehmen können?
- Wie können wir deine Erkenntnisse ins Team bringen?

Treffpunkte

Damit Kolleginnen und Kollegen sich treffen und zu privaten Themen austauschen können, sind auch geeignete Treffpunkte wichtig. Dies kann online geschehen, zum Beispiel in Form virtueller Kaffeepausen, oder etwas ausgefallener in Form eines virtuellen Kochkurses oder einer virtuellen Schokoladenverkostung, alternativ in Präsenz. Es geht darum, einen Rahmen für positive Interaktionen zu schaffen – einen Rahmen, in dem sich Kolleginnen und Kollegen als Teil einer Gruppe erleben können, sich gemocht fühlen, Interesse erleben etc.

Wie können Treffen in Präsenz durch bauliche Maßnahmen unterstützt werden? Hierzu geben wir nachfolgend einige Anregungen:

- Gibt es auf dem Firmengelände attraktive Möglichkeiten, sich im Freien zu treffen? Sind beispielsweise Spaziergänge auf dem Gelände möglich? Denkbar sind unter anderem Grillplätze, ein Beachvolleyballfeld, Tischtennisplatten oder Ähnliches. Auch Grünanlagen, die sich für Besprechungen eignen, können hilfreich sein.
- Gibt es die Möglichkeit, Getränke (z.B. Tee oder Kaffee) kostenfrei oder kostengünstig anzubieten? Kann dies mit einem Stehtisch, einer Sofaecke oder Ähnlichem verknüpft werden, um die Kolleginnen und Kollegen dazu anzuregen, sich dort (zu beruflichen und privaten) Gesprächen zu treffen?

- Wo sind sonst informelle Gespräche möglich, ohne einen Besprechungsraum buchen zu müssen? Gibt es beispielsweise Arbeitsbereiche, die in erster Linie als Kommunikationszonen gedacht sind?
- Gibt es Arbeitsbereiche, in denen Beschäftigte sich aus verschiedenen Teams zur Bearbeitung übergreifender Aufgaben/Projekte treffen können?

Die Überlegungen gehen davon aus, dass Freundschafts- und auch Ratgebernetzwerke davon profitieren, wenn Mitarbeitende sich in einem ungezwungenen Rahmen treffen können. Die räumliche Gestaltung schafft dafür einen einladenden Kontext. Gleichzeitig ist wichtig, dass es in der Organisation akzeptiert ist, diese Treffpunkte auch zu nutzen. Mögliche Impulsfragen für Führungskräfte sind:
- Unterstützt oder behindert unsere Unternehmenskultur persönliche Gespräche?
- Ist es in unserer Organisation gewünscht, dass die Mitarbeitenden Mikropausen einlegen und sich beispielsweise zu einem Kaffee am Nachmittag verabreden?
- Werden vonseiten der Führungskräfte informelle Treffen angesetzt, zum Beispiel ein gemeinsames Frühstück im Team oder ein monatliches „Get together"?
- Gibt es die Möglichkeit, im Team auf Geburtstage anzustoßen?
- Ist es möglich, mit Kolleginnen und Kollegen ein Runde Tischkicker zu spielen?

Der Gestaltung von Räumen kommt in diesen Empfehlungen eine wichtige Rolle zu: Wie viel Wertschätzung wird Beschäftigten in einer Organisation über die Gestaltung der Arbeitsplätze und der Räume für Begegnung und Regeneration signalisiert?

4.2 Probleme bei der Durchführung

Wertschätzung ist so etwas Positives, wer sollte da in einer Organisation etwas dagegen haben? Wer Wertschätzung fördern möchte, sollte doch überall offene Türen einrennen? Auch wenn alle vom Auszubildenden bis hin zum Geschäftsführer es als positiv erleben, wenn sie Wertschätzung erfahren, kann es doch Barrieren auf dem Weg zu mehr Wertschätzung in Organisationen geben – womöglich gerade dort, wo mehr Wertschätzung besonders notwendig wäre.

Nachfolgend diskutieren wir zwei Problemkreise bei der Förderung von Wertschätzung, die uns besonders relevant erscheinen. Zunächst gehen wir darauf ein, dass die Förderung von Wertschätzung dadurch erschwert werden kann, dass etablierte Kulturmerkmale und Verhaltensnormen einer Organisation hinterfragt und verändert werden müssen. Beim zweiten Problemkreis diskutieren wir die Frage, weshalb es für Beschäftigte mit Nachteilen verbunden sein könnte, wenn sie sich um mehr Wertschätzung in ihrem Verhalten bemühen.

Die Veränderung etablierter Facetten der Unternehmenskultur und von Verhaltensnormen in einer Organisation als große Herausforderung

Stellen wir uns eine Organisation vor, in der bislang kaum Feedback gegeben wird und wenn doch, dann eher kritisches Feedback. Es wird nach dem Motto gearbeitet: „Nicht geschimpft ist genug gelobt." Insgesamt ist die Kommunikation eher von Abwertung als von Respekt geprägt. So wird beispielsweise immer wieder über nicht anwesende Kolleginnen und Kollegen gelästert. Die Beziehungen untereinander sind eher distanziert und konkurrenzorientiert. Zudem werden Entscheidungen von Führungskräften nicht begründet, sondern lediglich mitgeteilt.

Die Förderung von Wertschätzung, wie wir sie in diesem Buch beschreiben, würde für diese Organisation mehrere und gravierende Veränderungen bedeuten. Bisherige Kulturmerkmale und damit verknüpfte Verhaltensnormen müssten deutlich verändert werden. Viele Faktoren, die das Erleben von Wertschätzung begünstigen, wie zum Beispiel Fairness oder stark ausgeprägte Freundschafts- und Ratgebernetzwerke, betreffen die Organisation in ihrer Gesamtheit. Sicher können von einzelnen Organisationsmitgliedern durch wertschätzende Verhaltensweisen, wie zum Beispiel wertschätzendes Feedback, wichtige Beiträge geleistet werden. Wie gut und nachhaltig dies gelingt, wird allerdings auch von den organisationalen Rahmenbedingungen abhängen. Je nach aktueller Organisationskultur kann die Förderung von Wertschätzung einen tiefgreifenden Wandel für die Organisation bedeuten.

So beschreiben Osatuke et al. (2009) die Förderung von respektvollem Umgang in einer Organisation als ein umfassendes Veränderungsvorhaben, das zwar von einzelnen Teams ausgehen kann, allerdings am Ende die Kultur der gesamten Organisation betrifft. Ihr effektives Programm CREW (vgl. Abschnitt 4.1.3) zielt auf die Veränderung der Organisationskultur ab.

In unserem oben skizzierten Beispiel würden wir es nicht für erfolgsversprechend halten, mit punktuellen Teamworkshops oder singulären Führungskräftetrainings etwas verändern zu wollen, sondern dies gelingt nur mit einem Gesamtkonzept unter Einbindung aller Führungsebenen. Ein Kick-off für diesen Veränderungsprozess könnte beispielsweise ein Klausurtag des obersten Managements sein, in dem mit externer Unterstützung erarbeitet wird, was an der aktuellen Lage veränderungswürdig erscheint, weshalb Veränderungen wünschenswert sind und welches Zielbild das obere Management mit Blick auf Wertschätzung in der Organisation anstreben möchte. Womöglich wird die Situation vom oberen Management als angemessen erlebt und die Bereitschaft, sich intensiver damit zu beschäftigen und in Veränderungen zu investieren, ist gering ausgeprägt. Die im Kasten dargestellten Fragen können für die Klärung und Vorbereitung des Veränderungsprozesses hilfreich sein.

Förderung von Wertschätzung auf organisationaler Ebene: Impulsfragen für die Geschäftsleitung
Analyse des Wertschätzungsklimas
• Wie wird das aktuelle Wertschätzungsklima in der Organisation vom oberen Management bewertet? • Liegt Feedback von den Beschäftigten vor bzw. besteht die Bereitschaft, Daten einzuholen? • Welche konkreten Erkenntnisse zum Wertschätzungsklima liegen vor?
Förderung von Veränderungsbereitschaft hin zu mehr Wertschätzung
• Welche positiven und negativen Konsequenzen hat es, wenn alles so bleibt, wie es ist? • Was könnte durch eine Veränderung gewonnen und verloren werden?
Entwicklung eines Zielbildes
• Gibt es Konsens im oberen Management, dass Veränderungsbedarf besteht? • Gibt es eine verbindende Idee, wie mehr Wertschätzung in der Organisation aussehen könnte?
Konkrete Überlegungen zur Gestaltung der Veränderung
• Was könnten erste Schritte sein, die das obere Management anstoßen kann? • Welche Ressourcen stehen für den Prozess zur Verfügung? • Wie können möglichst viele Organisationsmitglieder mit ihren Anliegen und Ideen eingebunden werden? • Wie können Fortschritte sichtbar und messbar gemacht werden?

Basierend auf den Ergebnissen kann ein Prozess in Gang gesetzt werden, der verschiedene Interventionen beinhaltet, die vom oberen Management unterstützt werden. Mit Blick auf unsere Erfahrung in der Moderation von Workshops im oberen Management möchten wir allerdings anmerken, dass die Klärung der genannten Fragen wahrscheinlich nicht in einem einzelnen Workshop gelingen kann.

Fehlende Anreize für wertschätzendes Verhalten als Problem

Welche Anreize haben Beschäftigte und Führungskräfte in einer Organisation, sich wertschätzend zu verhalten? Wie stark wird wertschätzendes Verhalten belohnt oder womöglich bestraft? Die folgenden Beispiele veranschaulichen mögliche Hemmnisse für das Zeigen wertschätzenden Verhaltens.

Nehmen wir an, eine Führungskraft legt großen Wert darauf, bei Entscheidungen die Meinungen ihrer Mitarbeitenden zu hören und geht Kompromisse ein, um die Interessen von Beschäftigten zu berücksichtigen. Die Beschäftigten werden dieses Verhalten sehr wahrscheinlich als wertschätzend wahrnehmen. Gleichzeitig könnte dieses Verhalten von Vorgesetzten und der Geschäftsleitung auch als mangelnde Entscheidungsfreude und geringes Durchsetzungsvermögen interpretiert werden. Wird bei der Karriereentwicklung von Führungskräften auf Aspekte wie *„trifft schnell Entscheidungen, lässt sich in seiner Meinung nicht beirren, setzt sich mit seinen Anliegen durch"* großer Wert gelegt, so mag dies der Förderung von Wertschätzung zumindest teilweise entgegenlaufen. Damit wollen wir nicht zum Ausdruck bringen, dass beispielsweise das Treffen schneller Entscheidungen schlecht sei. Wir möchten auf Ambivalenzen hinweisen, die dazu führen können, dass wertschätzendes Verhalten nicht belohnt wird. Im skizzierten Beispiel wirkt sich wertschätzendes Verhalten möglicherweise negativ auf die Karriereperspektive der Führungskraft aus.

Weitere Aspekte sind leicht vorstellbar. Nehmen wir an, besagte Führungskraft stellt gegenüber höheren Führungskräften bei Erfolgen vor allem die Anteile von Teammitgliedern in den Vordergrund. Dieses Verhalten mag gegenüber den Teammitgliedern wertschätzend sein. Für die Karriereentwicklung der Führungskraft mag es hingegen förderlicher sein, bei Erfolgen den Eindruck zu erwecken, dass diese wesentlich auf sie selbst zurückgehen. Sicher gibt es auch höhere Führungskräfte in Organisationen, die das erste Verhalten positiver bewerten. Allerdings: Führungskräfte, die sich als *treibende Kraft*, als *Macher*, als *Zugpferde* inszenieren, mögen von dieser Form von Sichtbarkeit und Aufmerksamkeit in ihrer Karriereentwicklung profitieren.

Ein weiteres Beispiel könnte eine Führungskraft sein, die sich stark mit ihren Mitarbeitenden beschäftigt und viel Zeit in die Kommunikation mit ihnen investiert. Dies mögen die Beschäftigten als wertschätzend wahrnehmen. Für die eigene Karriereperspektive der Führungskraft ist es wahrscheinlich zielführender, vor allem Zeit in die Beziehungspflege mit höheren Führungsebenen zu investieren. Forschungsbefunde legen diese Schlussfolgerung nahe (Luthans, Hodgetts & Rosenkrantz, 1988; Luthans & Rosenkrantz, 1995).

Auch im Kollegenkreis kann es sein, dass wertschätzende Verhaltensweisen nicht verstärkt werden. Hierzu ein Beispiel: Sich bei anderen zu bedanken, gehört zu den zentralen Facetten wertschätzenden Verhaltens. Stellen wir uns vor, dass es in einem Team unüblich ist, sich untereinander zu bedanken. Ein neuer Kollege im Team bedankt sich nun immer wieder bei seinen Kolleginnen und Kollegen, wenn ihm Hilfe angeboten wird. Dies nehmen die Kolleginnen und Kollegen als irritierend wahr, da es nicht ihrer geteilten Teamkultur entspricht: „Warum bedankt sich der neue Kollege ständig? Der ist aber komisch drauf. Hoffentlich gewöhnt der sich das noch ab." Das könnten Überlegungen seiner Kolleginnen und

Kollegen sein. Womöglich wird der Kollege für sein wertschätzendes Verhalten nicht sanktioniert, aber es bestehen zumindest keine Anreize dafür, das Verhalten aufrechtzuerhalten. Es ist wahrscheinlich, dass der neue Kollege sein Verhalten an die geltende Gruppennorm anpasst.

Für das obere Management kann das bedeuten, sich intensiver mit den folgenden Fragen zu beschäftigen:

- Welche positiven und negativen Konsequenzen kann es für Mitarbeitende und Führungskräfte in unserer Organisation haben, wenn sie wertschätzendes Verhalten zeigen?
- Durch welche Mechanismen, zum Beispiel im Kontext von Leistungsbeurteilungen und Karriereentscheidungen, wird wertschätzendes Verhalten gefördert oder behindert?
- Welcher Veränderungsbedarf ergibt sich aus diesen Überlegungen?

Auch Führungskräfte, die für ein Team Verantwortung tragen, können entsprechend reflektieren:

- Welche Kultur der Wertschätzung herrscht in unserem Team? Ist dies passend?
- Wie kann ich dazu beitragen, mehr Wertschätzung ins Team zu bringen?

5 Fallbeispiele aus der Unternehmens- und Beratungspraxis

Wir haben sechs Fallbeispiele ausgewählt, die an sehr unterschiedlichen Stellen zur Förderung von Wertschätzung ansetzen. Wir beschreiben zunächst zwei Interventionen, bei denen es um die einzelnen Mitarbeitenden geht: um ihre Aufgaben *(Aufgabenkuchen)* und die Begleitung durch einen *Mentor*. Daran schließen sich zwei Fallbeispiele an, in denen es um die Förderung von Wertschätzung im Team geht: *Peer-Feedback* und *Wertschätzungstraining für Arbeitsteams*. Anschließend stellen wir eine Intervention zur Förderung von Wertschätzung innerhalb der gesamten Organisation vor: *Blind Date Lunches*. Zum Abschluss gehen wir auf einen innovativen Ansatz ein, der sich an Bewerber richtet, und aus unserer Sicht einen ergänzenden Beitrag für mehr Wertschätzung leisten kann: *virtuelle Praktika*.

5.1 Reflexion des Aufgabenkuchens von Mitarbeitenden

Basierend auf Forschung im Kontext der SOS-Theorie (vgl. Abschnitt 2.1) erscheint die Vermeidung von illegitimen Aufgaben als ein vielversprechender Ansatzpunkt, um Abwertungserlebnisse für Mitarbeitende unwahrscheinlicher zu machen (z. B. Eatough et al., 2016; Schulte-Braucks et al., 2019). Wie können nun in der Praxis unnötige und unpassende Aufgaben identifiziert und vermieden werden?

Beschreibung des Tools „Aufgabenkuchen“

In vielen Organisationen gehören halbjährliche oder jährliche sogenannte Mitarbeiter- oder Personalgespräche zum Standardrepertoire der Personalarbeit. Wichtige Themen in solchen Gesprächen sind unter anderem Entwicklungsmöglichkeiten, Arbeitsbedingungen, Feedback, Leistungsbeurteilung und Zielvereinbarungen. Eine genauere Betrachtung der Aufgaben der Mitarbeitenden ist damit gut verknüpfbar. Unter dem „Aufgabenkuchen“ verstehen wir ein einfaches Kuchendiagramm, in das die Mitarbeitenden ihre prototypischen Aufgaben eintragen. Die Mitarbeitenden werden darum gebeten, dieses Kuchendiagramm im Vorfeld zu ihrem jährlichen Mitarbeitergespräch vorzubereiten. Hierfür kann es hilfreich sein, wenn sich die Mitarbeitenden über einen Zeitraum von 2 bis 4 Wochen notieren, wie viel Arbeitszeit sie jeden Tag für welche Aufgaben aufgewandt haben. In vielen Organisationen stehen solche Daten durch Terminplanungssoftware und andere Tools (zum Beispiel zur Weiterverrechnung von Arbeitszeit) leicht zugänglich zur Verfügung. Weiterhin werden die Mitarbeitenden darum gebeten, einen Wunsch-Kuchen zu skizzieren, der ihre Wunsch-Situation beschreibt.

Mögliche Fragen zur Erstellung dieses Wunsch-Kuchens können sein (siehe auch die beiliegende Karte „Der Aufgabenkuchen: Ein Instrument zur Analyse von Arbeitsaufgaben unter Wertschätzungsgesichtspunkten“):

- Welche Aufgaben deines aktuellen Aufgabenkuchens erscheinen dir unnötig?
- Für welche Aufgaben würdest du mit Blick auf Aufwand und Nutzen gerne weniger Zeit einsetzen?
- Welche Aufgaben erlebst du als unpassend mit Blick auf deine Stelle, deine Kompetenzen, deine Berufserfahrung, deine Qualifikationen?
- Welche Aufgaben möchtest du unbedingt so beibehalten?
- Welche Aufgaben würdest du gerne noch ausweiten wollen?
- Welche neuen Aufgaben würdest du gerne übernehmen wollen?

Im Mitarbeitergespräch können dann Ist- und Wunsch-Aufgabenkuchen zwischen Mitarbeiter und Führungskraft besprochen werden. Hierzu eignen sich die folgenden Fragen:

- Welche Veränderungen würdest du gerne bei deinem Aufgabenkuchen vornehmen wollen? Weshalb?
- Welche Veränderungen sind dir besonders wichtig? Weshalb?
- Wie könnten erste Schritte vom Ist-Kuchen zum Wunsch-Kuchen aussehen?
- Welche Aufgaben halten wir beide für unnötig und werden wir streichen?
- Welche Aufgaben passen womöglich besser zu anderen Kolleginnen und Kollegen?
- Wie wollen wir dein Aufgabenpaket in der Zukunft weiterentwickeln? Welche neuen Aufgaben passen gut zu deiner Stelle, deinen Kompetenzen, deiner Berufserfahrung, deinen Qualifikationen?

Wertschätzung fördern durch die Nutzung des Aufgabenkuchens

Mit diesem Instrument lässt sich aus unserer Sicht Wertschätzung auf verschiedenen Wegen fördern. Zum einen kann die gemeinsame Analyse des Aufgabenkuchens ein starkes Signal des Interesses an der Arbeit der Mitarbeitenden und ihren Anliegen sein, was wichtige Facetten von Wertschätzung sind (van Quaquebeke & Eckloff, 2010). Die Führungskraft zeigt, dass sie sich dafür interessiert, womit ihre Mitarbeitenden täglich zu tun haben und wofür sie ihre Arbeitszeit einsetzen. Im Wunsch-Kuchen haben die Mitarbeitenden die Möglichkeit, ihre Anliegen auf Papier zu bringen. Die Führungskraft signalisiert damit, dass sie das Aufgabenpaket gemeinsam mit den Mitarbeitenden sinnvoll weiterentwickeln möchte. Dies kann den Mitarbeitenden zudem Einflussmöglichkeiten im Entscheidungsprozess geben, wie sich ihre Aufgaben in Zukunft zusammensetzen, was ebenfalls als wertschätzend wahrgenommen werden sollte (Thibaut & Walker, 1975). Werden im Ergebnis unnötige und unpassende Aufgaben gestrichen oder sinnvoll verändert und stattdessen passende Aufgaben ergänzt, so sind Effekte auf das Erleben von Wertschätzung zu erwarten (Semmer et al., 2019). Mit Blick auf den damit verbundenen Prozess und die möglichen Ergebnisse halten wir dieses Instrument deshalb für vielversprechend.

Anregungen für die Umsetzung in der Praxis

Mit Blick auf die Anwendung des Instruments sind uns die folgenden Empfehlungen wichtig:

- Aus Erfahrungsberichten von Führungskräften, die das Instrument nutzen, wissen wir, dass Gespräche zum Aufgabenkuchen leicht 30 bis 60 Minuten (teilweise auch länger) bei Vollzeitbeschäftigten in Anspruch nehmen können. Gerade unter Wertschätzungsgesichtspunkten erscheint es uns wichtig, die vorbereiteten Kuchendiagramme ausführlich zu besprechen. Es sollte deshalb ausreichend Zeit eingeplant werden.
- Bei Führungskräften setzt die Anwendung des Tools voraus, dass sie die Aufgabenpakete ihrer Mitarbeitenden weiterentwickeln wollen und auch zu Streichungen von Aufgaben bereit sind. Haltungen wie „das haben wir schon immer so gemacht" sind dafür eher hinderlich. Gerade wenn über Jahre hinweg ineffiziente Prozesse aufrechterhalten worden sind oder an gänzlich unnötigen Aufgaben festgehalten wurde, kann es Führungskräften schwerfallen, sich das einzugestehen. Womöglich wirkt der Bereitschaft zur Streichung von Aufgaben auch der „sunk cost"-Effekt entgegen (Arkes & Blumer, 1985; Kahneman & Tversky, 1979) im Sinne von: „diese Aufgabe hat uns schon so viel Zeit gekostet, das kann doch nicht alles verloren sein." Solche Zusammenhänge sollten in Führungskräftetraining und Beratung aufgegriffen werden.
- Als Ergebnis der Anwendung des Instruments können Aufgaben gestrichen, die Umsetzung von Aufgaben verändert, Aufgaben vorübergehend ausgesetzt, innerhalb oder außerhalb des Teams verschoben oder getauscht werden. In der Regel geht dies mit umfangreicheren Klärungsprozessen einher. Für Führungskräfte und Mitarbeitende ist es also nicht mit einem Gespräch getan. Dafür ist ausreichend Zeit einzuplanen.
- Wichtig ist auch, Folgetermine zu vereinbaren. Es sollte konkret besprochen und dann in Folgeterminen reflektiert werden, wer welche Rolle und Aufgabe im Rahmen des Veränderungsprozesses innehat.

Feedback zum Tool

In einer kleinen qualitativen Evaluationsstudie wurden vier Führungskräfte darum gebeten, das Tool mit jeweils mindestens einem Mitarbeiter zu nutzen. Im Anschluss wurden sowohl die vier Führungskräfte als auch die Mitarbeitenden zu ihren Erfahrungen mit dem Tool befragt. Im nachfolgenden Kasten veröffentlichen wir einige typische Originalaussagen im Wortlaut.

Rückmeldungen von Mitarbeitenden und Führungskräften zum „Aufgabenkuchen"

Das Tool aus der Mitarbeiterperspektive

- „Die Fragen waren schon sehr hilfreich, weil ich mir dadurch erstmal Gedanken gemacht habe, was für Aufgaben habe ich eigentlich, wie viel Zeit nehmen die in Anspruch. Und dann mir auch nochmal Gedanken zu machen, was gefällt mir an meinen Aufgaben und was gefällt mir eher weniger gut. Gerade dieses, was würde ich gerne verändern oder wo sehe ich meine Interessen und Talente mehr genutzt, war dann schon echt hilfreich, dass ich sagen konnte: Okay, von dem und dem Kuchenstück würde ich gerne mehr machen und von dem würde ich gerne weniger machen. ..."
- „... Also, ich hatte schon eher die Erwartung, dass man eher im Vertrieb Angebote, Anfragen etc. macht. Und durch diesen Aufgabenkuchen ist mir aufgefallen, wie viel ich eigentlich anderen Abteilungen zuarbeite. Also, dass ich momentan echt viel Einkaufs- und Logistikarbeit mache und eigentlich gar nicht so wirklich das, was ich erwartet habe an Vertriebsaufgaben. Das ist das, wo ich mich wieder mehr drauf konzentrieren möchte und wo andere Leute dann mehr die Kommunikation mit dem Einkauf usw. suchen sollen, damit ich mich mehr dem Vertrieb widmen kann."
- „..., dass die Aufgaben jetzt mehr meinen Qualifikationen angepasst werden. Also, für mich war es in letzter Zeit so, dass ich gemerkt habe, ich möchte mehr in Richtung Prozesse und Strategie gehen. ... Der Aufgabenkuchen hat schon verdeutlicht, in welche Richtung ich in der Zukunft auf jeden Fall gehen möchte und was auch besser zu mir passt."
- „Also, ich finde auf jeden Fall, dass es richtig nützlich ist, und würde es auch jedem empfehlen, das mal in einem Personalgespräch durchzuführen, da man sich einfach mal über die Aufgaben, die man tagtäglich erledigt, bewusst wird und sich dann vielleicht auch mal Gedanken macht, ob die Richtung, in der man arbeitet, das ist, was gut für einen ist. Das, was man im Leben erreichen will, ist man mit seinen Aufgaben zufrieden oder möchte man vielleicht noch Veränderung haben? Das fand ich echt krass. Ich habe mir vorher nie wirklich Gedanken gemacht, was für Aufgaben ich eigentlich habe, was ich so tagtäglich mache und was eher zu einem Sondergeschäft gehört. Ich fand es ein richtig gutes Tool."
- „Vor allem die Fragen fand ich sehr gut, weil man ja die Aufgaben von seinem Vorgänger erstmal eins zu eins so übernimmt und dann erst mit der Zeit auch mal prüft, ob das überhaupt so zu den eigenen Kompetenzen passt. Und

deswegen war das dadurch perfekt mit dem Aufgabenkuchen, weil da hat sich eigentlich wirklich herausgestellt, dass es dann doch Aufgaben gibt, wo ich sage: Das ist jetzt nicht zu 100 % meins, ich würde das gerne an jemanden anderen abgeben, wo ich weiß, der könnte das vielleicht besser umsetzen. So hat der Aufgabenkuchen eine perfekte Möglichkeit gegeben, das Ganze mal zu reflektieren. Sonst wäre das auch gar nicht zur Sprache gekommen."

Das Tool aus der Führungsperspektive

- „Die Mitarbeiterin wurde sich bewusst, was sie alles für Aufgaben macht und hat das auch gewichtet, was ihr davon mehr Spaß macht und was weniger. Und man hat im Verhältnis gesehen, welche Aufgaben enorm viel Zeit kosten und was sie potenziell abgeben könnte ... Da gab es auf jeden Fall sehr viele Punkte, wo wir eine Erkenntnis gewonnen haben."
- „... Wir haben uns Aufgaben herausgesucht, deren Bereich sehr groß war, wir haben es Backoffice-Aufgaben genannt. Da möchten wir Schritt für Schritt drüber gehen und schauen, welche dieser Aufgaben können an die Kolleginnen und Kollegen im Team abgegeben werden, welche an die Auszubildenden ..., damit wir den Schwerpunkt der Aufgaben auf ihre Interessen und Fähigkeiten setzen. ... Ich möchte die Kollegin weiter fördern und sie gemäß ihren Interessen und ihren Fähigkeiten einsetzen, damit sie mehr in die technische Richtung und in die Angebotsabwicklung geht."
- „Also, ich fand es sehr gut, weil wir haben die Erkenntnis gehabt, dass ein Kuchenstück, das dabei war, nicht mehr werden darf, dass das so die Grenze ist, sage ich mal. Und ein anderes langfristig eigentlich auch komplett wegfallen darf."
- „Wir wollen was ändern und haben gesagt, dass der eine Bestandteil, der jetzt noch drin ist, nicht sofort nach dem Personalgespräch rausgenommen wird. Aber es ist schon so, dass wir die Erkenntnis hatten, dass wir ihn rausnehmen wollen und wir überlegen, wie wir vielleicht etwas anderes verschieben können."
- „Aber ich finde, was der Kuchen nicht darstellt, ist eine Überbelastung, da man 100 % hat und nicht mehr angeben kann. Das heißt, ich kann sagen, was in meiner Arbeitszeit zur Verfügung steht und wie ich diese verwende. Ob der Kuchen so groß oder so groß ist, ob es 100 % oder 120 % oder 140 % sind, geht nicht daraus hervor, was ich sehr wichtig finde, um die Aufgabenverteilung im Team zu koordinieren. Das finde ich, sehe ich beim Aufgabenkuchen eher nicht. Ich weiß zwar jetzt, was rausfällt oder was rausfallen muss und was größer oder kleiner werden kann, aber ich sehe nicht, ob man noch Kapazität hat."

5.2 Mentorenprogramm zur Förderung von Freundschafts- und Ratgebernetzwerken im Außendienst

Die Arbeit im Außendienst ist geprägt durch die Wahrnehmung von Kundenterminen vor Ort beim Kunden. Das kann bedeuten, dass Beschäftigte im Außendienst direkt von zu Hause aus zu ihren Kunden fahren, möglicherweise übernachten, Pausen alleine oder mit Kunden verbringen und dann wieder zu Hause ankommen. Ein weiterer Schwerpunkt liegt häufig im Homeoffice, wenn im Homeoffice an Telefon- und Videokonferenzen mit Kunden teilgenommen wird und Kundentermine vor- und nachbereitet werden. Direkte, persönliche Kontakte mit Kolleginnen und Kollegen sind eher selten bzw. deutlich seltener als für Beschäftigte im Innendienst am Firmenstandort. Mitarbeitende im Innendienst haben leichter die Möglichkeit zu persönlichen Abstimmungen (auch zu privaten Themen), zu gemeinsamen Kaffeepausen oder Mittagessen. Diese Rahmenbedingungen können es Beschäftigten im Außendienst erschweren, Freundschafts- und Ratgebernetzwerke aufzubauen und zu pflegen. Das macht die Frage besonders interessant, wie es gelingen kann, für diese Mitarbeitergruppe den Aufbau von Netzwerken zu unterstützen.

Beschreibung des Mentorenprogramms

Nachfolgend beschreiben wir ein Mentorenprogramm für Kolleginnen und Kollegen im Außendienst der Würth Industrie Service GmbH & Co. KG (www.wuerth-industrie.com), das unter anderem auch dem Aufbau von Freundschafts- und Ratgebernetzwerken dienen soll.

Wichtige Eckpunkte des Mentorenprogramms sind:

- Mentoren sind erfahrene Kolleginnen und Kollegen im Außendienst, die in der Regel eine Betriebszugehörigkeit von mindestens 5 Jahren aufweisen. Da Mentoren als wichtiges Vorbild beim Thema „Lernen und Entwicklung“ fungieren sollen, haben diese mindestens alle Pflicht-Vertriebstrainings und in der Regel weitere relevante Trainings absolviert.
- Die Auswahl der Mentoren erfolgt durch die Führungskräfte in Abstimmung mit der Personalentwicklung. Zum Einstieg erhalten neue Mentoren zum einen Unterlagen zur Vorbereitung auf ihre Funktion und werden zum anderen in einem Gespräch mit einem Mitarbeiter der Personalentwicklung auf ihre Aufgabe vorbereitet (z.B. Klärung der Rolle des Mentors, mögliche Themen für Gespräche mit dem Mentee, Anregungen zur Häufigkeit der Kontakte).
- Nahezu alle neuen Kolleginnen und Kollegen im Außendienst bekommen nach ca. 5 bis 7 Wochen im Unternehmen einen Mentor an die Seite gestellt. Mentor

und Mentee haben in der Regel nicht die gleiche Führungskraft, um möglichen Interessenkonflikten aufseiten des Mentors vorzubeugen.

- Der Austausch zwischen Mentor und Mentee erstreckt sich etwa über zwei Jahre hinweg, wobei vorgesehen ist, dass Mentor und Mentee in dieser Zeit 10 bis 15 Arbeitstage miteinander verbringen. So begleitet beispielsweise ein Mentee seinen Mentor bei Kundenbesuchen und kann so am Modell lernen und bei den gemeinsamen Autofahrten ungezwungen über berufliche und private Themen mit seinem Mentor sprechen.
- Es gehört zu den Aufgaben der Mentoren, ihren Mentees ihr eigenes Netzwerk im Unternehmen zur Verfügung zu stellen und den Mentee beim Aufbau eines eigenen Netzwerkes zu helfen. In einem unternehmensinternen Leitfaden für die Mentoren heißt es hierzu: „Das langjährige Wissen (mind. 5 Jahre Betriebszugehörigkeit), die Würth-Kultur und das große Netzwerk des Mentors werden vertrauensvoll an die neuen Kolleginnen und Kollegen weitergegeben." Auch auf den freundschaftlichen Charakter der Beziehung zwischen Mentor und Mentee wird explizit eingegangen: „Die neuen Kolleginnen und Kollegen haben einen weiteren Ansprechpartner, mit dem sie auch Probleme besprechen, die womöglich mit der Führungskraft nicht diskutiert werden können (‚Kumpelfunktion' der Mentoren)."
- Zu den Aktivitäten der Tandems gehören vor allem gemeinsame Kundenbesuche (inklusive Vor- und Nachbereitung) im Verkaufsgebiet von Mentor und Mentee und Telefonate, um kontinuierlich im Kontakt zu bleiben. In den Telefonaten können herausfordernde Kundensituationen besprochen werden, und es findet ein Austausch über mögliche Ansprechpartner im Unternehmen, über Herausforderungen in der täglichen Verkaufsarbeit oder auch über private Themen statt.

Wertschätzung fördern durch Mentoren

In Abschnitt 2.5 haben wir beschrieben und argumentiert, dass Freundschafts- und Ratgebernetzwerke wichtige Ressourcen erschließen können (z. B. fachliche oder emotionale Unterstützung) und so ein wichtiger Beitrag zur Förderung von Wertschätzung sein können. Wer beispielsweise von seinen Kolleginnen und Kollegen Interesse an seiner Person erlebt, wird dies als wertschätzend wahrnehmen (van Quaquebeke & Eckloff, 2010). Mitarbeitende mit ausgeprägten Freundschafts- und Ratgebernetzwerken erleben eine höhere Arbeitszufriedenheit und fühlen sich stärker an ihre Organisation gebunden (Porter et al., 2019). Für neue Kolleginnen und Kollegen im Außendienst kann ein Mentor eine der ersten Personen sein, zu denen ein intensiverer Kontakt auf kollegialer Ebene entsteht. Es ist wahrscheinlich, dass dieser Kontakt an sich unter Wertschätzungsgesichtspunkten wertvoll ist, wenn die neuen Kolleginnen und Kollegen erleben, dass sich ihr Mentor für sie und ihre Arbeit interessiert und für ihre Anliegen ansprechbar ist.

Anregungen für die Umsetzung in der Praxis

Mit Blick auf die Umsetzung von Mentorenprogrammen möchten wir folgende Empfehlungen ergänzen:

- Wir empfehlen, für die Mentoren in regelmäßigen Abständen (z.B. alle 6 Monate) Treffen durchzuführen, in denen sie ihre Mentorentätigkeit reflektieren und Anregungen zu verschiedenen Themen erhalten können (z.B. wichtige Standards der Mentorentätigkeit, Neuerungen im Einarbeitungsprozess, dem Mentee Feedback geben nach gemeinsamen Kundenbesuchen). So können die Treffen die Entwicklung der Mentoren unterstützen und einen Beitrag zur Qualitätssicherung des Programms leisten.
- Wichtig ist auch die Frage, wie die Mentoren Wertschätzung für ihre Tätigkeit erfahren können, da diese zusätzlich zu ihrer eigenen Verkaufsarbeit übernommen wird. Ein wertschätzender Bestandteil der Mentorentreffen kann für die Mentoren ein Austausch mit dem Geschäftsführer Vertrieb sein, beispielweise im Rahmen eines gemeinsamen Abendessens. Dies unterstreicht die Wichtigkeit der Mentorenfunktion und bietet dem Geschäftsführer die Möglichkeit, sich persönlich bei den Mentoren zu bedanken.
- Als weitere Zeichen der Anerkennung für die Ausübung der Mentorenfunktion können ein jährliches Schreiben des Geschäftsführers und ein „Danke“ in Form einer Anerkennungsprämie dienen.
- Da die Mentoren die neuen Kolleginnen und Kollegen nahe begleiten und sie beispielsweise in Verkaufsgesprächen direkt erleben, können Mentoren zudem wertvolle Beiträge für die Gestaltung des Aus- und Weiterbildungsprogramms für den Außendienst einbringen.
- Für die Mentoren selbst kann diese Funktion eine gute Vorbereitung auf mögliche Führungsaufgaben in der Zukunft sein. Sie können für sich prüfen, ob ihnen die Begleitung von Kolleginnen und Kollegen Freude bereitet und wie sie mit führungsnahen Situationen zurechtkommen, wie beispielsweise dem Geben von Feedback.

Feedback zum Tool

In persönlichen Gesprächen mit Mitarbeitenden der Personalentwicklung betonen neue Mitarbeitende im Außendienst, dass die Mentoren hilfreich sind, um sich ein Netzwerk am Hauptsitz des Unternehmens aufzubauen. Eine Stichprobe von 10 Mentees wurde nach Abschluss des Mentorenprogramms (nach ca. 2 Jahren) um Feedback gebeten. Der Evaluationsbogen enthielt (neben anderen) vier Fragen, die auf die Entwicklung von Freundschafts- und Ratgebernetzwerken abzielen (siehe Tabelle 12). Für die Beantwortung stand eine 6-stufige Skala von „1=trifft voll und ganz zu“ bis „6=trifft überhaupt nicht zu“ zur Verfügung.

Tabelle 12: Ausgewählte Evaluationsergebnisse des Mentorenprogramms (Teil 1)

Items	Mittelwert der Bewertungen (in Klammern: beste/schlechteste Bewertung)
Mein Mentor unterstützt mich beim Aufbau eines Netzwerkes und vermittelt Kontakte.	1,5 (1/2)
Mein Mentor ist Ansprechpartner in beruflichen Anliegen.	1,7 (1/3)
Mein Mentor ist Ansprechpartner in privaten Anliegen.	2,3 (1/4)
Mein Mentor findet stets ausreichend Zeit für meine Anliegen.	1,8 (1/4)

Basierend auf den Daten dieser kleinen Stichprobe kann angenommen werden, dass die Mentees ihren Mentor als wichtigen Netzwerkpartner erleben und der Kontakt zum Mentor dazu beiträgt, das eigene Netzwerk auszubauen.

Einige weitere Items der Befragung legen zudem den Schluss nahe, dass die Mentees die Zusammenarbeit mit ihrem Mentor an sich als wertschätzend erleben (siehe Tabelle 13).

Tabelle 13: Ausgewählte Evaluationsergebnisse des Mentorenprogramms (Teil 2)

Items	Mittelwert der Bewertungen (in Klammern: beste/schlechteste Bewertung)
Mein Mentor sorgt für eine angenehme und vertrauensvolle Arbeitsatmosphäre.	1,6 (1/3)
Mein Mentor erkennt meine Leistungen an und würdigt diese.	1,7 (1/3)
Mein Mentor ist mir gegenüber loyal, ehrlich und zuverlässig.	1,4 (1/3)
Dem Kollegen kann ich voll und ganz vertrauen.	1,5 (1/3)

5.3 Peer-Feedback wertschätzend gestalten

Ein wesentlicher Ansatzpunkt zur Förderung von Wertschätzung in Organisationen ist die Förderung wertschätzender Kommunikation (Semmer et al., 2019). Besonders heikel können dabei Feedbackgespräche sein, da bei Feedbackgesprächen Bedrohungen des Selbstwertes wahrscheinlich sind (Semmer & Jacobshagen, 2010). In diesem Fallbeispiel stellen wir einen Leitfaden für Peer-Feedback vor, wie er bei der Würth Industrie Service GmbH & Co. KG (www.wuerth-industrie.com) im Einsatz ist.

Beschreibung des Leitfadens für Peer-Feedback

Peer-Feedback bedeutet, dass Kolleginnen und Kollegen sich untereinander Feedback geben. In der Regel sind dies Kolleginnen und Kollegen eines Teams, die eng zusammenarbeiten. Beschäftigte, die ihren Arbeitsplatz in einem Raum haben, die zusammen an Aufgaben arbeiten und in der Folge viel Zeit miteinander verbringen, können füreinander eine wichtige Feedbackquelle sein. Es ist anzunehmen, dass Kolleginnen und Kollegen das tägliche Arbeitsverhalten oft besser wahrnehmen können als beispielsweise die direkte Führungskraft, die möglicherweise in einem anderen Büro arbeitet, sich viel in Meetings befindet und wenige operative Schnittstellen mit bestimmten Mitarbeitenden in ihrem Team hat. Wie kann nun Peer-Feedback so gestaltet werden, dass es den Selbstwert möglichst wenig bedroht und explizit wertschätzende Elemente enthält, die geeignet sein können, den Selbstwert zu fördern? Abbildung 8 zeigt den verwendeten Leitfaden (Peer-Feedback-Matrix), der zur Vorbereitung und Durchführung des Peer-Feedbacks dient.

Im Intranet des Unternehmens wird Peer-Feedback durch die Personalentwicklung folgendermaßen beschrieben:

> Wir haben seit vielen Jahren eine ausgeprägte Feedbackkultur – Feedback ist uns wichtig! Dazu gehört für uns nicht nur ein offenes Ohr für Entwicklungsbereiche und Verbesserungsvorschläge zu haben, sondern auch Lob, Dankbarkeit und Wertschätzung regelmäßig zum Ausdruck zu bringen. Wir sind der Meinung, dass Feedback von Kolleginnen und Kollegen im Team eine ganz wichtige Ergänzung zum hierarchischen Feedback von unserer Führungskraft ist. Denn gerade die Kolleginnen und Kollegen, mit denen wir tagtäglich eng zusammenarbeiten, können Verhaltensweisen wahrnehmen, die der Führungskraft vielleicht entgehen. Aus diesem Grund sehen wir es als sehr wertvoll an, unsere Arbeitsbeziehung immer wieder mit den Kolleginnen und Kollegen im Peer-Feedback zu reflektieren.
>
> Wie funktioniert Peer-Feedback jetzt genau? Damit das Feedback wertschätzend abläuft und wir nicht mit der Tür ins Haus fallen, arbeiten wir mit einer Peer-Feedback-Matrix. Wenn ein Kollege um Peer-Feedback bittet, bereitet sich der Feedbackgeber im Vorfeld auf das Gespräch vor und macht sich anhand der Matrix Gedanken. Den Aufbau und die Fragen der Matrix erleben wir als sehr hilfreich, wir können sie aber jederzeit auch noch durch weitere Aspekte ergänzen.

Wertschätzung fördern durch Peer-Feedback

Wertschätzung soll anhand der Peer-Feedback-Matrix zunächst dadurch zum Ausdruck gebracht werden, dass sich der Feedbackgeber bei seinem Kollegen bedankt. Dies kann beispielsweise anhand eines persönlichen Highlights in der Zusammen-

Dafür möchte ich dir danken:

Wodurch verschönert die Person mir manchmal den Tag?
Was war mein persönliches Highlight mit der Person in letzter Zeit?
Was würde ich vermissen, wenn die Person nicht mehr in unserem Team wäre?

Das gefällt mir gut:

Was hat die Person in letzter Zeit gut gemacht?
Was funktioniert in unserer Zusammenarbeit schon gut?
Welche Stärken hat die Person?

Meine Ideen für die Zukunft:

Was wünsche ich mir von der Person?
Welche konkreten Ideen habe ich für die zukünftige Zusammenarbeit?
Welchen Tipp kann ich der Person geben?

Abbildung 8: Peer-Feedback-Matrix (© Würth Industrie Service GmbH & Co. KG, Bad Mergentheim. Der Abdruck erfolgt mit freundlicher Genehmigung.)

arbeit geschehen. Die drei im ersten Teil des Leitfadens (siehe Abbildung 8) enthaltenen Impulsfragen sind stark auf die Wertschätzung der Person hin orientiert, als eine sehr wichtige Wertschätzungskomponente (Brun & Dugas, 2008; Ng, 2016). Im zweiten Teil wird vor allem Wertschätzung mit Blick auf die Arbeitsweise und Arbeitserfolge zum Ausdruck gebracht und damit eine weitere sehr wichtige Wertschätzungskomponente (Brun & Dugas, 2008; Ng, 2016) in den Blick genommen. Konstruktive Kritik verbunden mit Anregungen kann im dritten Teil gegeben werden.

Während die ersten beiden Teile klar auf die Förderung von Wertschätzung in der Zusammenarbeit fokussieren, kann der dritte Teil potenziell als abwertend wahrgenommen werden, da hier kritische Punkte zur Sprache kommen können und sollen. Um negative Effekte auf den Selbstwert zu minimieren, wurde die Rubrik mit der Überschrift „Meine Ideen für die Zukunft" betitelt und beispielsweise nicht mit „kritisches Feedback" oder „Was mir nicht so gut gefällt ...". Es soll darum gehen, Wünsche und Anregungen so anzusprechen, dass sich der Feedbacknehmer ermuntert fühlt, etwas Neues auszuprobieren. Vorwürfe sollen vermieden und Wünsche möglichst präzise eingebracht werden. Damit greift das Peer-Feedback Überlegungen auf, die wir in Abschnitt 4.1.1 skizziert haben. Die Haltung hinter dem Instrument ist weniger „was war schlecht", sondern eher „was kannst du (aus meiner Sicht) besser machen".

Anregungen für die Umsetzung in der Praxis

Mit Blick auf die Umsetzung von Peer-Feedback sind aus unserer Sicht zudem die folgenden Punkte wichtig:

- Wir empfehlen, Peer-Feedback als ein freiwilliges Angebot im Unternehmen zu implementieren. Feedbackgeber und Feedbacknehmer finden sich eigenverantwortlich zusammen und werden nicht von der Führungskraft eingeteilt. Kolleginnen und Kollegen, die ein Feedback möchten, gehen von sich aus auf die gewünschten Feedbackgeber zu.
- Die Mitarbeitenden sollten die Empfehlung erhalten, sich 1-mal pro Halbjahr Peer-Feedback einzuholen.
- Gerade nach einer Zeit der Urlaubsvertretung wird Peer-Feedback als wertvoll erlebt. Der Person, die die Vertretung übernommen hat, sind in der Vertretungszeit wahrscheinlich Punkte aufgefallen, die sich insbesondere für den dritten Teil des Peer-Feedbacks zu Anregungen für die Zukunft gut eignen.
- Peer-Feedback sollte vertraulich gegeben werden und bei Feedbackgeber und Feedbacknehmer verbleiben. Es gibt keine Dokumentation in der Personalakte oder Weitergabe von Informationen an die Führungskraft.
- In der Phase der Corona-Pandemie 2020/2021 wurde Peer-Feedback bei der Würth Industrie Service GmbH & Co. KG in Form von Videotelefonaten umgesetzt, was aus Sicht der Anwender gut funktioniert hat.
- Nutzer des Tools berichten, dass eine ungestörte Gesprächsatmosphäre wichtig sei, dass ca. 30 Minuten für eine gute Vorbereitung eingeplant werden müssen und die Gespräche ca. 15 bis 20 Minuten dauern.

Feedback zum Tool

Kolleginnen und Kollegen, die Peer-Feedback nutzen, beschreiben dies gegenüber der Personalentwicklung als hilfreich und wertschätzend. Es wird unter anderem berichtet, dass im Vergleich zum Feedback durch die Führungskraft neue Aspekte angesprochen werden und dass positive Effekte auf die Zusammenarbeit unter Kolleginnen und Kollegen resultieren. Die beiden Original-Aussagen im Kasten verdeutlichen das Feedback der Nutzer, wenngleich anzumerken ist, dass für die Nutzung des Instruments keine quantitativen Evaluationsdaten vorliegen.

Rückmeldungen zur Peer-Feedback-Matrix

- *Feedback eines Mitarbeiters:* „Finde ich eine super Methode, um gezielt auf Kollegen zuzugehen und sich Feedback einzuholen. Ähnlich wie im Personalgespräch gibt man hier aber kein Feedback an den Vorgesetzten, sondern direkt an Kollegen, mit denen man jeden Tag intensiv (intensiver als mit dem Vorgesetzten) zusammenarbeitet. Man kann Feedback zu persönlichen, aber auch zu sachlichen Themen geben."
- *Feedback einer Führungskraft:* „Bei einer Kollegin hat ein Peer-Feedback einen richtigen Knoten gelöst. Ihr Wohlbefinden hat sich seitdem deutlich gesteigert und man merkt es der Person deutlich an, dass es guttat, in dieser Form mit den Kollegen gesprochen zu haben."

5.4 Wertschätzungstraining für Arbeitsteams

Soziale Interaktionen spielen für das Erleben von Abwertung oder Wertschätzung bei der Arbeit eine wichtige Rolle. Wir haben sie in Abschnitt 1.1 als eine von vier zentralen Bereichen zur Förderung von Wertschätzung beschrieben (siehe Abbildung 1 auf S. 2). Wie kann es nun gelingen, die Zusammenarbeit in Teams wertschätzender zu gestalten? In Abschnitt 4.1.3 haben wir das Wertschätzungstraining für Arbeitsteams nach Hahn et al. (2022) vorgestellt, auf das wir nun noch genauer eingehen.

Beschreibung des Wertschätzungstrainings „Förderung der Zusammenarbeit im Team"

Wie in Abschnitt 4.1.3 beschrieben, sollen durch das Training die folgenden Verhaltensweisen in Teaminteraktionen gefördert werden: (1) Sich bewusst bei Kolleginnen und Kollegen im Team bedanken, (2) Kolleginnen und Kollegen um ihre Meinung bitten, (3) Besprechungen im Team positiv beginnen.

- Beim bewussten Bedanken geht es um die Frage, für was sich Teammitglieder untereinander bedanken können und wie dies möglichst konkret und ehrlich geschehen kann, also nicht beiläufig und floskelhaft. So können sich Teammitglieder untereinander für Resultate, die Arbeitsweise, für Beiträge über die

Kernaufgaben hinaus, aber auch bei der Person an sich als ein geschätztes Teammitglied bedanken. Anhand von Beispielen wird verdeutlicht, wie ehrlicher und konkreter Dank formuliert werden kann (z.B. „Danke für deine Tipps zur Erstellung der Präsentation.“, „Danke, dass du mit deinem Humor für gute Stimmung im Team sorgst.“).
- Beim zweiten Thema wird unter anderem darüber gesprochen, was jemanden möglicherweise davon abhalten kann, andere um ihre Meinung zu bitten, wie andere das Bitten um eine Meinung wahrscheinlich wahrnehmen und bei welchen Anlässen es sinnvoll sein könnte, Meinungen einzuholen.
- Der dritte Ansatzpunkt bezieht sich auf den positiven Einstieg in Besprechungen. Positive Aspekte in der Zusammenarbeit sollen bewusst gewürdigt und Erfolge sichtbar gemacht werden.

Im Anhang dieses Buches ist der genutzte Trainerleitfaden abgedruckt. Das Training ist mit ca. 80 Minuten sehr kompakt angelegt. Nach der Begrüßung, einer kurzen Vorstellungsrunde und dem Überblick über das Training werden die einzelnen Ansatzpunkte „Sich bewusst bei Kolleginnen und Kollegen im Team bedanken“, „Kolleginnen und Kollegen um ihre Meinung bitten“ und „Besprechungen im Team positiv beginnen“ jeweils vorgestellt und auf den Alltag der Teilnehmer bezogen. So werden in der Gruppe beispielsweise Anlässe aus der Praxis gesammelt, bei denen sich die Kollegen im Team untereinander bedanken können. Anschließend notiert jeder Teilnehmer konkrete Anlässe auf einer Karte. Ebenso überlegen sich die Teilnehmer in Einzelarbeit, bei welchen Gelegenheiten es sinnvoll sein könnte, Kolleginnen und Kollegen um ihre Meinung zu bitten. Im letzten Teil des Trainings werden mögliche Hindernisse bei der Umsetzung gesammelt und überlegt, wie es dennoch gelingen kann, die wertschätzenden Verhaltensweisen stärker in den Alltag zu integrieren.

Abbildung 9 zeigt Materialien, die im Training an die Teilnehmer ausgegeben werden. Im Training sollen keine pauschalen Verhaltensweisen vorgegeben, sondern vielmehr die Teilnehmer dazu eingeladen werden, ihr bisheriges Verhalten zu reflektieren. Die Teilnehmer sollen Impulse für neue Verhaltensweisen bekommen. Da aufgesetztes Verhalten auch schnell als weniger wertschätzend wahrgenommen werden kann, ist es wichtig, dass die Teilnehmer ihr wertschätzendes Verhalten zwar stärken sollen, dabei allerdings darauf achten, dass sie ihr Verhalten weiter als stimmig erleben.

Anregungen für die Umsetzung in der Praxis

Unsere Erfahrungen mit dem Training „Förderung der Zusammenarbeit im Team“ und Tipps für die Praxis fassen wir nachfolgend zusammen:
- Das Training lässt sich gut als Online-Training (z.B. in Form einer Videokonferenz) umsetzen. In der berichteten Evaluationsstudie (Hahn et al., 2022) wurde das Training in Form einer Videokonferenz durchgeführt.

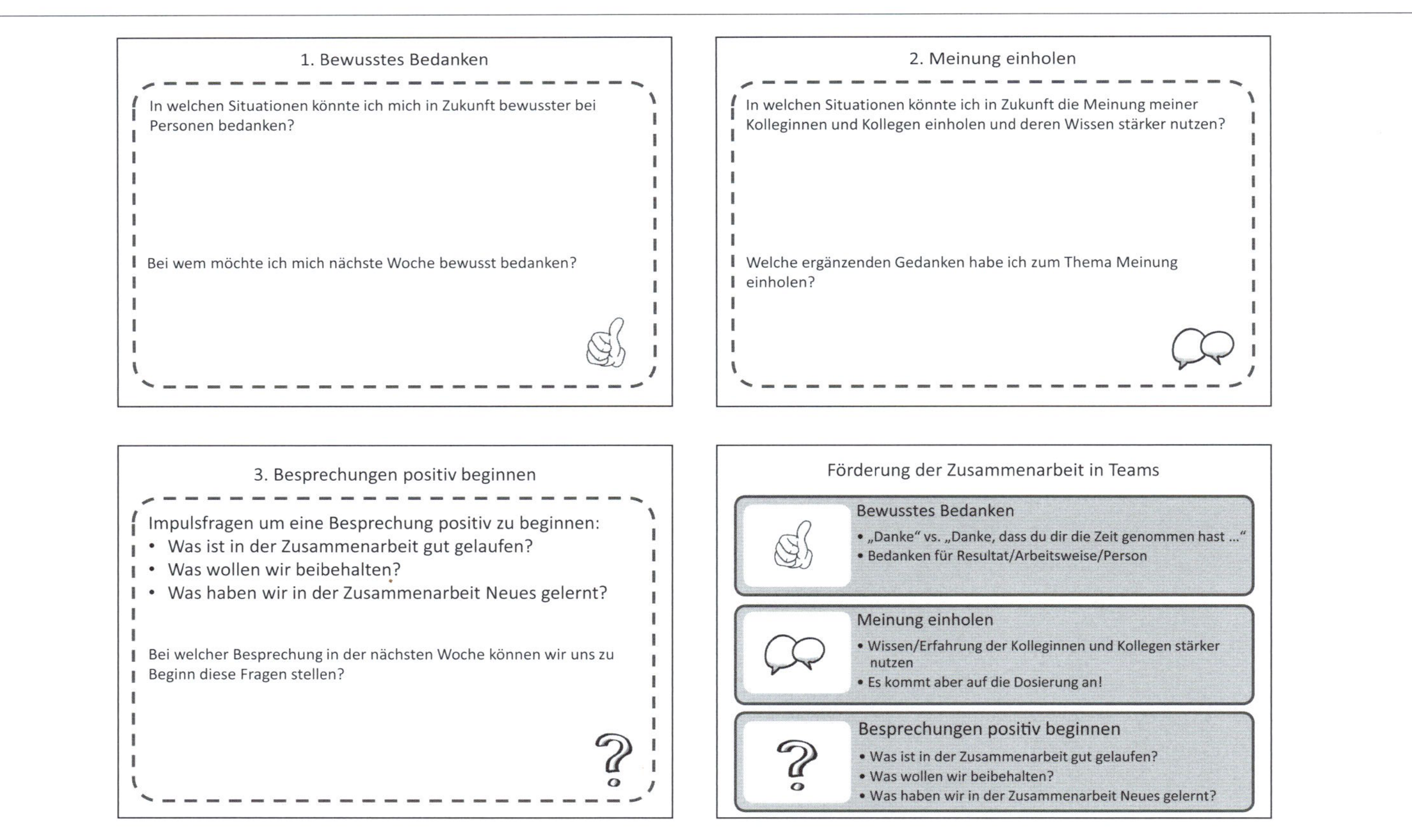

Abbildung 9: Materialien aus dem Training „Förderung der Zusammenarbeit im Team“ (© Würth Industrie Service GmbH & Co. KG, Bad Mergentheim. Der Abdruck erfolgt mit freundlicher Genehmigung.)

- Da das Training auf einen wertschätzenden Umgang im Team abzielt, sollte das Training mit dem gesamten Team umgesetzt werden und nicht in gemischten Gruppen mit Kolleginnen und Kollegen aus verschiedenen Teams. Im besten Fall entstehen so im Team gemeinsame Vorstellungen, was wertschätzende Interaktionen ausmacht und die Teamkultur wird gemeinsam in diese Richtung weiterentwickelt.
- Im Training wurde auch auf mögliche Irritationen eingegangen, die die vorgeschlagenen Ansatzpunkte womöglich in einem Team auslösen können. Dies wurde unter folgender Perspektive diskutiert: Was passt zu uns als Team? Was können wir uns gut vorstellen?
- Zudem erscheint es hilfreich zu sein, wenn die Teilnehmer bereits im Training sehr konkret überlegen, was sie danach umsetzen wollen: Was möchte ich umsetzen? In welchen Situationen? Wie kann mir das gut gelingen?
- Möglicherweise reagieren Teilnehmer auch skeptisch, ob Verbesserungen überhaupt möglich sind: „Das machen wir alles schon. Das sind doch selbstverständliche Sachen." In diesen Fällen hat es sich bewährt, das zu würdigen, was an wertschätzender Interaktion bereits vorhanden ist und eher darauf einzugehen, dass solche Punkte zwar gut bekannt sein können, aber doch in der Hektik des Alltags manchmal untergehen. Vor diesem Hintergrund lässt sich dann überlegen, welche Verhaltensweisen in welchen Situationen noch gestärkt werden können, zum Beispiel gerade in Situationen mit als stark erlebten Belastungen.

Feedback zum Tool

Wir sind bereits in Abschnitt 4.1.3 auf zentrale Befunde einer Interventionsstudie zum vorgestellten Training eingegangen (Hahn et al., 2022). Kurz zusammengefasst, finden sich Hinweise, dass das Training zu einer Reduktion des Stresserlebens der Teammitglieder führt, wobei vor allem Teammitglieder mit geringerem Selbstwert profitieren.

5.5 Blind Date Lunches zur Förderung von Ratgeber- und Freundschaftsnetzwerken

Wenn Kolleginnen und Kollegen verschiedener Bereiche sich bunt gewürfelt zum Mittagessen oder zu einer Kaffeepause treffen, dann können neue Kontakte entstehen und bestehende Kontakte vertieft werden. Solche Formate finden sich unserer Erfahrung nach in einigen Organisationen, beispielsweise unter Begriffen wie Lunch Lottery, Blind Date Lunches oder Kaffeelotterie. Wir beschreiben hier exemplarisch Blind Date Lunches bei Great Place to Work® Deutschland (www.greatplacetowork.de)[11].

Beschreibung des Formats „Blind Date Lunches“

Einmal in der Woche werden fünf Kolleginnen und Kollegen aus unterschiedlichen Teams für ein Blind Date Lunch ausgelost. Dabei wird bewusst darauf geachtet, dass keine Personen aus dem gleichen Team mit dabei sind. Die ausgelosten Kolleginnen und Kollegen treffen sich gemeinsam am Empfang und erfahren erst dann, wer bei ihrem Blind Date Lunch (BDL) alles mit dabei ist. Am Empfang gibt es für jeden Teilnehmer einen Gutschein im Wert von 10 Euro. Das Format findet immer dienstags statt, wobei für 12:30 Uhr ein Tisch in einem Restaurant reserviert wird.

Im Laufe eines Jahres können alle Kolleginnen und Kollegen etwa zwei Mal bei einem Blind Date Lunch mitmachen, wobei die Teilnahme freiwillig ist. Neue Kolleginnen und Kollegen werden bevorzugt berücksichtigt. Die Organisation erfolgt zentral über die Personalabteilung (siehe Abbildung 10).

In der Zeit der Corona-Pandemie 2020/2021 wurde das Blind Date Lunch online durchgeführt, wobei sich die Teilnehmer ihr Lunch über einen Lieferservice bestellen durften (siehe Abbildung 11).

Wertschätzung fördern durch Blind Date Lunches

Die Förderung des teamübergreifenden Austausches ist das zentrale Ziel des Formats: Freundschafts- und Ratgebernetzwerke sollen gefördert werden (vgl. Abschnitt 4.1.5). Durch das Blind Date Lunch kommen Kolleginnen und Kollegen miteinander in Kontakt und lernen sich besser kennen. Teilnehmer berichten, dass bei diesen Treffen häufig über Hobbys und andere private Themen gesprochen wird. Es werden Gemeinsamkeiten entdeckt und auch Anknüpfungspunkte für zukünftige Kontakte geschaffen. Teilnehmer beschreiben die Blind Date Lunches als ein positives soziales Erlebnis. Es ist wahrscheinlich, dass das Gefühl der Zugehörigkeit zur Organisation als soziale Gruppe gestärkt wird, wie das Feedback zum Tool zeigt, das wir am Ende dieses Abschnitts anhand beispielhafter Aussagen von Teilnehmern zusammenfassen. Zugehörigkeit zu und Anerkennung durch eine Gruppe sind wichtige Aspekte zur Förderung von Wertschätzung (vgl. Abschnitt 2.5).

Laut Aussagen von Teilnehmern wird die Kontaktaufnahme bei späteren gemeinsamen Aufgaben erleichtert und gegenseitiges Verständnis über Arbeitsbereiche

11 Wir danken Karsten Schulte-Deußen und Jochen Schöpflin für das Teilen dieses Tools und ihrer Erfahrungen damit.

Liebes Teammitglied,

Du bist zum ersten Mal dabei oder weißt nicht mehr genau, wie das Format funktioniert? Dann informiere Dich hier:

Du wurdest für das nächste „Blind Date Lunch" (BDL) ausgewählt und bist herzlich zu einem Mittagessen eingeladen, um die Gelegenheit zu nutzen, Dich mit den Kolleginnen und/oder Kollegen auszutauschen.

Ort:

Bitte sag den Termin möglichst **innerhalb einer Woche zu oder ab** (mit Antwort senden). Treffpunkt ist im Sek, dort ist Dein Gutschein hinterlegt und Du triffst auf deine „Blind Dates". Ein Tisch ist auf GPTW vorreserviert, diese Reservierung bzw. die Gutscheinkarte bitte vor dem Essen im Restaurant erwähnen.

Mit dem BDL möchten wir erreichen, dass Kolleginnen und Kollegen aus unterschiedlichen Teams und Etagen sich und ihre Arbeit besser kennenlernen bzw. Mitarbeitende miteinander essen gehen, die nicht jeden Tag gemeinsam zu Mittag essen.

Wir wünschen Euch viel Spaß! Lasst es Euch schmecken! Gebt uns gerne ein Feedback, wie es bei Euch gelaufen ist.

Liebe Grüße

Euer Personal-Team

Abbildung 10: Auszug aus der unternehmensinternen Beschreibung des Formats (© Great Place to Work® Deutschland GmbH, Köln. Der Abdruck erfolgt mit freundlicher Genehmigung.)

hinweg gefördert. Hilfreich sei das Instrument vor allem auch für die Integration neuer Kolleginnen und Kollegen ins Unternehmen. Zudem wird die Einladung zum Blind Date Lunch an sich als wertschätzend wahrgenommen.

Anregungen für die Umsetzung in der Praxis

Bei der Umsetzung in der Praxis haben sich die folgenden Punkte bewährt:

- Mit der Einladung sollte der Ablauf möglichst konkret beschrieben werden: Bis wann muss ich zu- oder absagen? Wann und wo ist der Treffpunkt? Wie erfolgt die Abrechnung? Wie kann man Trinkgeld geben, wenn es ein Gutscheinsystem gibt?

Die Teilnahme ist von zuhause und aus dem Büro via MS Teams möglich und das erste digitale BDL wird nächsten **Dienstag, dem 10.11. von 12.30 bis 13.30 Uhr** stattfinden.

Zum Ablauf:

1. Die ausgelosten Mitarbeitenden erhalten eine Einladung via Outlooktermin mit einem MS Teams Link für Dienstag von 12.30 bis 13.30 Uhr.
2. Die ausgelosten Mitarbeitenden erhalten einen weiteren Outlooktermin für denselben Tag um 9 Uhr als Erinnerung um die Bestellung aufzugeben und mit genauen Angaben zum Bestellvorgang.
3. Die ausgelosten Mitarbeitenden erhalten an dem Tag des BDL's einen Aktivierungslink von „Lieferando Takeaway Pay" zur Bestellung mit einem freigestellten Budget.

Abbildung 11: Auszug aus der unternehmensinternen Beschreibung des Online-Formats (© Great Place to Work® Deutschland GmbH, Köln. Der Abdruck erfolgt mit freundlicher Genehmigung.)

- Die Einladung sollte mindestens eine Woche im Voraus erfolgen (eher früher), damit alle Kolleginnen und Kollegen sich den Termin einplanen können.
- Die Zu- oder Absage sollte möglichst innerhalb von zwei Tagen erfolgen, damit gegebenenfalls noch Personen nachgelost werden können.
- Gute Erfahrungen wurden mit einer Gruppengröße von fünf Personen gemacht.
- Eher ungünstig scheint es zu sein, wenn zwei Personen aus dem gleichen Team teilnehmen und so eine Gruppe innerhalb der Gruppe bilden.
- Hilfreich für die Akzeptanz des Formats scheinen Erfahrungsberichte von Teilnehmern zu sein, die beispielsweise im Intranet veröffentlicht werden.
- Durch eine Vereinbarung mit einem bestimmten Restaurant ist eine unkomplizierte Abwicklung möglich: Jede Woche ist am gleichen Tag zur gleichen Uhrzeit ein Tisch reserviert, die Bezahlung erfolgt bargeldlos über das Unternehmen.

Feedback zum Tool

Wir haben einige Teilnehmer zu ihren Erfahrungen befragt. Die folgenden Aussagen sind prototypisch für das Feedback.

Rückmeldungen zum Blind Date Lunch

Wie findet ihr das Blind Date Lunch?

- „Sehr gut! Neben dem Überraschungsmoment nicht zu wissen, auf wen man trifft, fühlt es sich auch sehr wertschätzend an, vom Unternehmen zum Essen im kleinen Kreis eingeladen zu werden. Eine Maßnahme, die direkt und regelmäßig Wirkung erzeugt."

- „Ich wurde zu meinem ersten Blind Date Lunch bei GPTW ausgelost, als ich erst ein paar Wochen im Unternehmen war. Ich war etwas aufgeregt, weil man erst weiß, welche anderen Kolleginnen und Kollegen dabei sind, wenn man sich am Empfang zur verabredeten Uhrzeit trifft. Meine Aufregung war aber völlig umsonst und es war ein sehr angenehmes Essen mit tollem Austausch."
- „Das Online-Blind Date Lunch war für mich super, weil ich im Homeoffice kaum noch spontane Gespräche mit Kolleginnen und Kollegen anderer Teams führe. Persönlich esse ich zwar nicht so gerne vor dem Rechner - trotzdem fand ich es cool, einfach auch mal wieder teamübergreifend nicht nur über die Arbeit zu sprechen!"
- „Das digitale Blind Date Lunch ist für mich die optimale Gelegenheit, trotz Pandemie im Kontakt mit meinen Kolleginnen und Kollegen zu bleiben - besonders als frisch eingestiegener Mitarbeiter lerne ich so auf ungezwungene Weise die Menschen in der Organisation kennen und werde zunehmend ‚Teil der Familie'. ... Was man allerdings nicht vergessen sollte: Die Mittagspause ist eine Zeit der Erholung und damit elementar, um langfristig die Gesundheit und Leistungsfähigkeit zu erhalten. Das Format sollte also nicht zu sozialem Druck führen, sodass man das Gefühl hat, etwas Wichtiges zu verpassen, wenn man nicht mitmacht."

Was bringt euch das?

- „Regelmäßiger Austausch mit anderen Kolleginnen und Kollegen und der entsprechenden Perspektivenvielfalt. Man kriegt mit, was andere für Aufgaben haben, wie die aktuelle Situation im Unternehmen eingeschätzt wird, und überdies hinaus lernt man die eigenen Kolleginnen und Kollegen von einer ganz anderen Seite kennen. Erfährt was über die Familien, Wohnsituationen und, und, und."
- „Unser Blind Date Lunch ist eine - wie ich finde - tolle Maßnahme, um auch mit Kolleginnen und Kollegen aus anderen Teams in Kontakt zu treten und sich bei einem spendierten leckeren Essen über Gott und die Welt auszutauschen. Gerade jetzt im Homeoffice ist es definitiv ein Mehrwert."

Was ist daraus womöglich entstanden?

- „Kürzere Wege! Du begegnest Kolleginnen und Kollegen, mit denen du normalerweise nicht viele Schnittstellen hast, ganz anders im Arbeitskontext. Es gibt Anknüpfungspunkte aus den gemeinsamen Essen, die helfen natürliche Anfangsbarrieren zu überwinden. Man weiß eher, mit wem man es zu tun hat, kommt schneller ans Ziel und hat dabei auch im besten Fall mehr Freude."
- „Ich habe durch das Blind Date Lunch ein paar Kolleginnen und Kollegen etwas privater kennenlernen dürfen. Da man eine ganze Stunde Zeit hat und

es ein überschaubarer Kreis aus maximal 5 Personen ist, kann man sich ganz anders unterhalten, als wenn man sich mal kurz im Flur über den Weg läuft."

Was ist daran womöglich unangenehm/kritisch?

- „Nichts. Solange kein Schmu einkehrt und die Essensgruppen random bleiben. Einige Zeit wurden nicht besetzte Plätze am Tisch mit anderen Kolleginnen und Kollegen, die zufällig im 3. OG waren, aufgefüllt. Das verfehlt ein bisschen den Zweck, wirklich mit Leuten zu essen, die man sonst eher nicht zum Mittagessen mitnehmen würde. Manche sind dann deutlich öfter zum Blind Date Lunch gegangen als andere. So soll's nicht sein, weil es den für mich wichtigen Kern der Maßnahme verfehlt."
- „Ich denke, dass es womöglich unangenehm werden kann, wenn jemand die gesamte Zeit über nur von der Arbeit spricht. Das ist mir aber noch nicht passiert ☺."

5.6 Virtuelle Praktika zur Vermeidung falscher Vorstellungen

„Eigentlich habe ich mir die Aufgaben bei meiner neuen Stelle im Vertrieb anders vorgestellt. Etwa die Hälfte meiner Zeit verbringe ich mit administrativen Aufgaben und trage Daten in Listen ein. Ich dachte, dass ich viel mehr Zeit im direkten Kontakt mit unseren Kunden verbringe."

In Abschnitt 4.1.2 sind wir darauf eingegangen, dass neue Mitarbeitende Vorstellungen mitbringen, welche Aufgaben zu ihrer neuen Stelle gehören. Diese Vorstellungen können sich deutlich von der Realität unterscheiden. Es besteht das Risiko, dass die neu gestarteten Mitarbeitenden mit Aufgaben konfrontiert werden, die sie als unpassend und damit als abwertend erleben. Auch zu den Arbeitsbedingungen und insbesondere zu möglichen Stressoren kann es Erwartungen geben, die sich nicht mit der Realität decken. Dies kann zum Erleben illegitimer Stressoren beitragen.

Wir haben dazu in Abschnitt 4.1.2 einige Empfehlungen gegeben und sind unter anderem auf realistische Tätigkeitsinformationen eingegangen. Als Fallbeispiel möchten wir virtuelle Praktika als innovativen Ansatz vertiefen, bei dem sehr konkrete Informationen zu einer Stelle bereits im Vorfeld gegeben und erfahrbar gemacht werden. Gemeinsam mit ihren Kunden entwickelt die CYQUEST GmbH (www.cyquest.net)[12] solche virtuellen Praktika, auf deren Erfahrungen wir uns nachfolgend beziehen.

Beschreibung von virtuellen Praktika

Wie können wir als Unternehmen potenziellen Bewerbern einen möglichst realistischen Einblick in die konkreten Aufgaben einer Stelle geben? Diese Frage steht hinter dem Konzept virtueller Praktika. Mittels einer Aufgaben- und Anforderungsanalyse werden die typischen Aufgaben auf einer Stelle herausgearbeitet und dabei auch wichtige Aspekte der Arbeitsbedingungen erfasst. Laut Joachim Diercks (Geschäftsführer bei CYQUEST) geht es um eine möglichst ehrliche und authentische Beschreibung der Stelle:

- Welche Aufgaben nehmen die meiste Zeit in Anspruch?
- Unter welchen Arbeitsbedingungen wird gearbeitet?
- Wie sieht ein typischer Arbeitstag aus?
- Was ist dabei angenehm, spannend, motivierend etc.?
- Was ist dabei anstrengend, schwierig, frustrierend etc.?

Es geht also gerade nicht darum, ein möglichst positives Bild der Stelle zu zeichnen, sondern ein möglichst realistisches Bild, bei dem kritische Punkte explizit dargestellt werden. Müssen schwere Gegenstände gehoben werden? Welche Stressoren treten auf? Wie ist die Arbeit bei schlechtem Wetter? Welche monotonen Aufgaben gehören dazu?

Basierend auf einer umfangreichen Stoffsammlung entsteht ein virtuelles Praktikum, das Videosequenzen, Bilder, Texte, Fragen zur Selbstreflexion und tätigkeitsnahe Übungen enthalten kann. Was eine Stelle ausmacht, soll so möglichst realitätsnah auf den Punkt gebracht werden. Natürlich lässt sich in einem solchen Format die Realität nicht im Maßstab 1:1 nachbilden, es muss vereinfacht und teilweise abstrahiert werden, aber laut Joachim Diercks ist es das Ziel, mehrere verschiedene und möglichst für den Beruf typische Situationen und Aufgaben im virtuellen Praktikum abzubilden.

Potenzielle Bewerberinnen und Bewerber können über die Homepage des jeweiligen Unternehmens das virtuelle Praktikum absolvieren. Bislang wird das Instrument hauptsächlich bei Bewerbern um Ausbildungs- und Praktikumsplätze eingesetzt, erscheint uns jedoch gerade auch für andere Stellen sehr vielversprechend zu sein.

12 Wir danken Joachim Diercks für das Teilen dieses Formats und seiner Erfahrungen damit.

Wertschätzung fördern durch virtuelle Praktika

In Abschnitt 2.1 sind wir darauf eingegangen, dass Beschäftigte unpassende Aufgaben und ebenso unpassende Arbeitsbedingungen als illegitim und damit als abwertend wahrnehmen können (Semmer et al., 2019). Wir haben argumentiert, dass realistische Tätigkeitsinformationen helfen sollten, dass potenzielle neue Kolleginnen und Kollegen frühzeitig erkennen können, ob die Stelle Aufgaben und Bedingungen umfasst, die sie als unpassend wahrnehmen. Virtuelle Praktika verstehen wir als eine Form realistischer Tätigkeitsinformationen. Ein Interessent kann einen Einblick in die Aufgaben und Arbeitsbedingungen gewinnen und die Passung für sich selbst kritisch reflektieren. Dies ist einfach und mit wenig Zeiteinsatz möglich. Wir halten es für wahrscheinlich, dass potenzielle neue Kolleginnen und Kollegen sich auf einer besseren Informationsbasis für eine Bewerbung entscheiden können, was wiederum ein Beitrag zur Vermeidung von Enttäuschungen durch illegitime Aufgaben und Arbeitsbedingungen sein kann.

Ergänzend argumentieren wir, dass solche virtuellen Praktika auch ein Signal des Unternehmens sein können, möglichst ehrlich und transparent mit den Bewerbern umgehen zu wollen. Sie fungieren als ein besonderer Service für potenzielle neue Kolleginnen und Kollegen. Dies kann aus unserer Sicht ebenfalls als wertschätzend wahrgenommen werden.

Anregungen für die Umsetzung in der Praxis

Mit Blick auf die Erfahrungen von Joachim Diercks und seinem Team lassen sich die folgenden Empfehlungen ableiten:

- Unternehmen, die möglichen Bewerbern virtuelle Praktika anbieten möchten, sollten sich bewusst sein, dass es nicht darum geht, einen Werbefilm zu drehen, der das Unternehmen möglichst positiv präsentiert, sondern, dass es um eine ehrliche, realistische und authentische Darstellung geht. Hierfür müssen die Verantwortlichen der Organisation Offenheit und wahrscheinlich auch Mut mitbringen. Es kann Verantwortlichen in Organisationen schwerfallen, die potenziellen Nachteile einer Stelle zu thematisieren.
- Bewerber scheinen am besten dann erreicht zu werden, wenn die virtuellen Praktika nicht zu viel Zeit in Anspruch nehmen. Es hat sich bewährt, die virtuellen Praktika als ein sehr niederschwelliges Angebot anzulegen, das in ca. 10 Minuten durchgeführt werden kann.
- Um die Inhalte auch in kasualen Verwendungssituationen, sozusagen „zwischendurch" nutzen zu können, sollten virtuelle Praktika für die Nutzung über mobile Endgeräte, vor allem das Smartphone, optimiert sein.
- Mit Blick auf den Aufwand erscheinen virtuelle Praktika vor allem für Stellen, die häufiger besetzt werden, sehr vielversprechend – wenn also beispielsweise immer wieder Personen in den Bereichen Einkauf, Vertrieb, IT etc. gesucht werden.

- Virtuelle Praktika können auch so ausgestaltet werden, dass sie als Test zur Selbstselektion dienen können, zum Beispiel durch die Einbindung von Arbeitsproben. Die erzielten Ergebnisse können in den weiteren Bewerbungsprozess mit eingebracht werden.
- Die Entwicklungsdauer für ein virtuelles Praktikum liegt in der Regel zwischen 3 und 9 Monaten.

Feedback zum Tool

Eine systematische Evaluation zu den Effekten virtueller Praktika ist uns nicht bekannt. Kunden von CYQUEST geben das Feedback, dass sich der Anteil passender Bewerber erhöht, und führen dies darauf zurück, dass weniger passende Bewerber dies im Zuge des virtuellen Praktikums selbst erkennen und sich in der Folge nicht bewerben. Zudem beziehen sich Bewerber in Vorstellungsgesprächen explizit auf die virtuellen Praktika. So äußern Bewerber, dass sie die Einblicke darin bestärkt hätten, sich zu bewerben, da sie Aufgaben und Arbeitsbedingungen als passend wahrnehmen würden. Teilweise bringen Bewerber auch Fragen mit zu Vorstellungsgesprächen, die sich explizit aus dem virtuellen Praktikum ergeben haben. Nach der Einführung eines virtuellen Praktikums zur Darstellung des Verwaltungsberufes, das von CYQUEST für die Stadt Hamburg entwickelt wurde, erhöhte sich der Anteil an geeigneten Bewerbungen um ca. 7 %, während der Anteil an ungeeigneten Bewerbungen um ca. 12 % zurückging (Diercks, 2012).

6 Literaturempfehlungen

Häfner, A. & Hofmann, S. (2023). *Zuhören für Führungskräfte: Wie Sie durch gutes Zuhören wirkungsvoller führen können*. Berlin: Springer.

Prümper, J. & Becker, M. (2011). Freundliches und respektvolles Führungsverhalten und die Arbeitsfähigkeit von Beschäftigten. In B. Badura, A. Ducki, H. Schröder, J. Klose & K. Macco (Hrsg.), *Fehlzeiten-Report 2011: Führung und Gesundheit* (S. 37–47). Berlin: Springer. https://doi.org/10.1007/978-3-642-21655-8_4

Semmer, N. K. & Jacobshagen, N. (2010). Feedback im Arbeitsleben – eine Selbstwert-Perspektive. *Gruppendynamik und Organisationsberatung, 41*, 39–55. https://doi.org/10.1007/s11612-010-0104-9

Wegge, J. & Schmidt, K.-H. (2015). *Diversity Management: Generationenübergreifende Zusammenarbeit fördern*. Göttingen: Hogrefe. https://doi.org/10.1026/02384-000

7 Literatur

Adams, J.S. (1965). Inequity in social exchange. In L. Berkowitz (Ed.), *Advances in experimental social psychology* (Vol. 2, pp. 267–299). New York: Academic Press.

Andersson, L.M. & Pearson, C.M. (1999). Tit for tat? The spiraling effect of incivility in the workplace. *Academy of Management Review, 24,* 452–471. https://doi.org/10.2307/259136

Apostel, E., Syrek, C.J. & Antoni, C.H. (2018). Turnover intention as a response to illegitimate tasks: The moderating role of appreciative leadership. *International Journal of Stress Management, 25,* 234–249. https://doi.org/10.1037/str0000061

Arkes, H.R. & Blumer, C. (1985). The psychology of sunk cost. *Organizational Behavior and Human Decision Processes, 35,* 124–140. https://doi.org/10.1016/0749-5978(85)90049-4

Arnold, K.A. (2017). Transformational leadership and employee psychological well-being: A review and directions for future research. *Journal of Occupational Health Psychology, 22,* 381–393. https://doi.org/10.1037/ocp0000062

Balshem, M. (1988). Brief communication: The clerical worker's boss: An agent of job stress. *Human Organization, 47,* 361–367. https://doi.org/10.17730/humo.47.4.97969u65032027h7

Bandura, A. (1994). Self-efficacy. In V.S. Ramachaudran (Ed.), *Encyclopedia of human behavior* (Vol. 4, pp. 71–81). New York: Academic Press.

Banks, G.C., Batchelor, J.H., Seers, A., O'Boyle Jr., E.H., Pollack, J.M. & Gower, K. (2014). What does team-member exchange bring to the party? A meta-analytic review of team und leader social exchange. *Journal of Organizational Behavior, 35,* 273–295. https://doi.org/10.1002/job.1885

Baron, R.A. (1988). Negative effects of destructive criticism: Impact on conflict, self-efficacy, and task performance. *Journal of Applied Psychology, 73,* 199–207. https://doi.org/10.1037/0021-9010.73.2.199

Bass, B.M., Avolio, B.J., Jung, D.I. & Berson, Y. (2003). Predicting unit performance by assessing transformational and transactional leadership. *Journal of Applied Psychology, 88,* 207–218. https://doi.org/10.1037/0021-9010.88.2.207

Berman, E.M., West, J.P. & Richter, M.N. (2002). Workplace relations: Friendship patterns and consequences (according to managers). *Public Administration Review, 62,* 217–230. https://doi.org/10.1111/0033-3352.00172

Bies, R.J., Martin, C.L. & Brockner, J. (1993). Just laid off, but still a "good citizen?" Only if the process is fair. *Employee Responsibilities and Rights Journal, 6,* 227–238. https://doi.org/10.1007/BF01419446

Bies, R.J. & Moag, J.F. (1986). Interactional justice: Communication criteria of fairness. In R.J. Lewicki, B.H. Sheppard & M.H. Bazerman (Eds.), *Research on negotiations in organizations* (Vol. 1, pp. 43–55). Greenwich, CT: JAI Press.

Blake, R.R. & Mouton, J. (1964). *The Managerial Grid: The Key to Leadership Excellence*. Houston, TX: Gulf Publishing.

Blau, G. & Andersson, L. (2005). Testing a measure of instigated workplace incivility. *Journal of Occupational and Organizational Psychology, 78,* 595–614. https://doi.org/10.1348/096317905X26822

Boumans, N.P.G. & Landeweerd, J.A. (1992). The role of social support and coping behaviour in nursing work: Main or buffering effect? *Work & Stress, 6,* 191–202. https://doi.org/10.1080/02678379208260353

Brun, J.-P. & Dugas, N. (2008). An analysis of employee recognition: Perspectives on human resources practices. *The International Journal of Human Resource Management, 19,* 716–730. https://doi.org/10.1080/09585190801953723

Cammann, C., Fichman, M., Jenkins, G. D. & Klesh, J. R. (1983). Assessing the attitudes and perceptions of organizational members. In S. E. Seashore, E. E. Lawler, P. H. Mirvis & C. C. Cammann (Eds.), *Assessing organizational change* (pp. 71–138). New York, NY: Wiley.

Cawley, B. D., Keeping, L. M. & Levy, P. E. (1998). Participation in the performance appraisal process and employee reactions: A meta-analytic review of field investigations. *Journal of Applied Psychology, 83,* 615–633. https://doi.org/10.1037/0021-9010.83.4.615

Chun, J. S., Brockner, J. & De Cremer, D. (2018). How temporal and social comparisons in performance evaluation affect fairness perceptions. *Organizational Behavior and Human Decision Processes, 145,* 1–15. https://doi.org/10.1016/j.obhdp.2018.01.003

Colquitt, J. A. (2001). On the dimensionality of organizational justice: A construct validation of a measure. *Journal of Applied Psychology, 86,* 386–400. https://doi.org/10.1037/0021-9010.86.3.386

Colquitt, J. A., Colon, D. E., Wesson, M. J., Porter, O. L. H. & Ng, K. Y. (2001). Justice at the millennium: A meta-analytic review of 25 years of organizational justice research. *Journal of Applied Psychology, 86,* 386–400. https://doi.org/10.1037/0021-9010.86.3.386

Corsten, H. & Roth, S. (Hrsg.). (2012). *Nachhaltigkeit: Unternehmerisches Handeln in globaler Verantwortung.* Wiesbaden: Springer Gabler. https://doi.org/10.1007/978-3-8349-3746-9

Cortina, L. M., Kabat-Farr, D., Magley, V. J. & Nelson, K. (2017). Researching rudeness: The past, present, and future of the science of incivility. *Journal of Occupational Health Psychology, 22,* 299–313. https://doi.org/10.1037/ocp0000089

de Cremer, D. & Tyler, T. R. (2005). Am I respected or not? Inclusion and reputation as issues in group membership. *Social Justice Research, 18,* 121–153. https://doi.org/10.1007/s11211-005-7366-3

Dehue, F., Bolman, C., Völlink, T. & Pouwelse, M. (2012). Coping with bullying at work and health related problems. *International Journal of Stress Management, 19,* 175–197. https://doi.org/10.1037/a0028969

Deutscher Bundestag (2020, 18. Juni). *Gesetz gegen Rechtsextremismus und Hasskriminalität beschlossen.* Verfügbar unter https://www.bundestag.de/dokumente/textarchiv/2020/kw25-de-rechtsextremismus-701104

Diercks, J. (2012). Die Bedeutung der Bewerberselbstauswahl für die Rekrutierung im öffentlichen Dienst. In T. Helmke & A. Kühte (Hrsg.), *Engpass Personal im öffentlichen Dienst: Handlungsbedarf, Strategien und praxisorientierte Konzepte vor dem Hintergrund des demografischen Wandels* (S. 130–146). Berlin: wvb.

Earnest, D. R., Allen, D. G. & Landis, R. S. (2011). Mechanisms linking realistic job previews with turnover: A meta-analytic path analysis. *Personnel Psychology, 64,* 865–897. https://doi.org/10.1111/j.1744-6570.2011.01230.x

Eatough, E. M., Meier, L. L., Igic, I., Elfering, A., Spector, P. E. & Semmer, N. K. (2016). You want me to do what? Two daily diary studies of illegitimate tasks and employee well-being. *Journal of Organizational Behavior, 37,* 108–127. https://doi.org/10.1002/job.2032

Elovainio, M., Leino-Arjas, P., Vahtera, J. & Kivimäki, M. (2006). Justice at work and cardiovascular mortality: A prospective cohort study. *Journal of Psychosomatic Research, 61,* 271–274. https://doi.org/10.1016/j.jpsychores.2006.02.018

Felfe, J. (2006). Transformationale und charismatische Führung – Stand der Forschung und aktuelle Entwicklungen. *Zeitschrift für Personalpsychologie, 5,* 163–176. https://doi.org/10.1026/1617-6391.5.4.163

Felfe, J. (2009). *Mitarbeiterführung*. Göttingen: Hogrefe.

Felfe, J. (2020). *Mitarbeiterbindung* (2. Aufl.). Göttingen: Hogrefe. https://doi.org/10.1026/02505-000

Fong, C.J., Patall, E.A., Vasquez, A.C. & Stautberg, S. (2019). A meta-analysis of negative feedback on intrinsic motivation. *Educational Psychology Review, 31,* 121–162. https://doi.org/10.1007/s10648-018-9446-6

Franke, F. & Felfe, J. (2011a). Diagnose gesundheitsförderlicher Führung – Das Instrument „Health-oriented Leadership". In B. Badura, A. Ducki, H. Schröder, J. Klose & K. Marco (Hrsg.), *Fehlzeiten-Report 2011* (S. 3–13). Heidelberg: Springer. https://doi.org/10.1007/978-3-642-21655-8_1

Franke, F. & Felfe, J. (2011b). How does transformational leadership impact employees' psychological strain? Examining differentiated effects and the moderating role of affective organizational commitment. *Leadership, 7,* 295–316. https://doi.org/10.1177/1742715011407387

Franke, F., Felfe, J. & Pundt, A. (2014). The impact of health-oriented leadership on follower health: Development and test of a new instrument measuring health-promoting leadership. *German Journal of Research in Human Resource Management, 28,* 139–161. https://doi.org/10.1177/239700221402800108

Frey, D. & Schulz-Hardt, S. (Hrsg.). (2000). *Vom Vorschlagswesen zum Ideenmanagement*. Göttingen: Hogrefe.

Ganster, D.C., Fusilier, M.R. & Mayes, B.T. (1986). Role of social support in the experience of stress at work. *Journal of Applied Psychology, 71,* 102–110. https://doi.org/10.1037/0021-9010.71.1.102

Graen, G.B. & Uhl-Bien, M. (1995). Führungstheorien – von Dyaden zu Teams. In A. Kieser, G. Reber & R. Wunderer (Hrsg.), *Handwörterbuch der Führung* (2. Aufl., S. 1045–1085). Stuttgart: Schäffer-Poeschel.

Greenberg, J. (1990). Employee theft as a reaction to underpayment inequity: The hidden cost of pay cuts. *Journal of Applied Psychology, 75,* 561–568. https://doi.org/10.1037/0021-9010.75.5.561

Greenberg, J. (1993). The social side of fairness: Interpersonal and informational classes of organizational justice. In R. Cropanzano (Ed.), *Justice in the workplace: Approaching fairness in human resource management* (pp. 79–103). Hillsdale, NJ: Erlbaum.

Greenberg, J. (2006). Losing sleep over organizational injustice: Attenuating insomniac reactions to underpayment inequity with supervisory training in interactional justice. *Journal of Applied Psychology, 91,* 58–69. https://doi.org/10.1037/0021-9010.91.1.58

Häfner, A. & Truschel, C. (2022). *Fluktuationsmanagement: Ungewollte Kündigungen vermeiden*. Göttingen: Hogrefe.

Hahn, L., Häfner, A. & Kempen, R. (2022). *The effect of appreciation at work on stress: An experimental intervention study*. In preparation.

Harari, M.B., Manapragada, A. & Viswesvaran, C. (2017). Who thinks they're a big fish in a small pond and why does it matter? A meta-analysis of perceived overqualification. *Journal of Vocational Behavior, 102,* 28–47. https://doi.org/10.1016/j.jvb.2017.06.002

Hossiep, R., Zens, J. & Berndt, W. (2020). *Mitarbeitergespräche – Motivierend, wirksam, nachhaltig* (2. Aufl.). Göttingen: Hogrefe.

Johnson, S.K., Holladay, C.L. & Quinones, M.A. (2009). Organizational citizenship behavior in performance evaluations: Distributive justice or injustice? *Journal of Business and Psychology, 24,* 409–418. https://doi.org/10.1007/s10869-009-9118-0

Judge, T.A., Piccolo, R.F. & Ilies, R. (2004). The forgotten ones? A re-examination of consideration, initiating structure, and leadership effectiveness. *Journal of Applied Psychology, 89,* 36–51. https://doi.org/10.1037/0021-9010.89.1.36

Kahneman, D. & Tversky, A. (1979). Prospect Theory: An analysis of decision under risk. *Econometrica, 47,* 263–292. https://doi.org/10.2307/1914185

Kanning, U.P. & Schuler, H. (2014). Simulationsorientierte Verfahren der Personalauswahl. In H. Schuler & U.P. Kanning (Hrsg.), *Lehrbuch der Personalpsychologie* (3. Aufl., S. 215–256). Göttingen: Hogrefe.

Kleinmann, M. & König, C. (2018). *Selbst- und Zeitmanagement*. Göttingen: Hogrefe. https://doi.org/10.1026/01494-000

Kluger, A.N. & DeNisi, A. (1996). The effects of feedback interventions on performance: A historical review, a meta-analysis, and a preliminary feedback intervention theory. *Psychological Bulletin, 119,* 254–284. https://doi.org/10.1037/0033-2909.119.2.254

Kluger, A.N. & DeNisi, A. (1998). Feedback interventions: Toward the understanding of a double-edged sword. *Current Directions in Psychological Science, 7,* 67–72. https://doi.org/10.1111/1467-8721.ep10772989

Kluger, A.N. & Itzchakov, G. (2022). The power of listening at work. *Annual Review of Organizational Psychology and Organizational Behavior, 9,* 121–146. https://doi.org/10.1146/annurev-orgpsych-012420-091013

Kovner, C., Brewer, C., Wu, Y.W., Cheng, Y. & Suzuki, M. (2006). Factors associated with work satisfaction of registered nurses. *Journal of Nursing Scholarship, 38,* 71–79. https://doi.org/10.1111/j.1547-5069.2006.00080.x

Kuoppala, J., Lamminpaa, A., Liira, J. & Vainio, H. (2008). Leadership, job well-being, and health effects – A systematic review and a meta-analysis. *Journal of Occupational & Environmental Medicine, 50,* 904–915. https://doi.org/10.1097/JOM.0b013e31817e918d

Labianca, G. & Brass, D.J. (2006). Exploring the social ledger: Negative relationships and negative asymmetry in social networks in organizations. *The Academy of Management Review, 31,* 596–614. https://doi.org/10.5465/amr.2006.21318920

Leary, M.R. & Allen, A.B. (2011). Belonging motivation: Establishing, maintaining, and repairing relational value. In D. Dunning (Ed.), *Social motivation* (pp. 37–55). New York: Psychology Press.

Leineweber, C., Wege, N., Westerlund, H., Theorell, T., Wahrendorf, M. & Siegrist, J. (2010). How valid is a short measure of effort-reward imbalance at work? A replication study from Sweden. *Occupational and Environmental Medicine, 67,* 526–531. https://doi.org/10.1136/oem.2009.050930

Leiter, M.P., Day, A., Gilin-Oore, D. & Laschinger, H.K.S. (2012). Getting better and staying better: Assessing civility, incivility, distress and job attitudes one year after a civility intervention. *Journal of Occupational Health Psychology, 17,* 425–434. https://doi.org/10.1037/a0029540

Leiter, M.P., Laschinger, H.K.S., Day, A. & Gilin-Oore, D. (2011). The impact of civility interventions on employee social behavior, distress, and attitudes. *Journal of Applied Psychology, 96,* 1258–1274. https://doi.org/10.1037/a0024442

Leventhal, G.S. (1980). What should be done with equity theory? New approaches to the study of fairness in social relationships. In K. Gergen, M. Greenberg & R. Willis (Eds.), *Social exchange: Advances in theory and research* (pp. 27–55). New York: Plenum.

Leventhal, G.S., Karuza, J. & Fry, W.R. (1980). Beyond fairness: A theory of allocation preferences. In G. Mikula (Ed.), *Justice and social interaction* (pp. 167–218). New York: Springer.

Lohaus, D. (2009). *Leistungsbeurteilung*. Göttingen: Hogrefe.

Lohaus, D. (2010). *Outplacement*. Göttingen: Hogrefe.

Lohaus, D. & Schuler, H. (2014). Leistungsbeurteilung. In H. Schuler & U.P. Kanning (Hrsg.), *Lehrbuch der Personalpsychologie* (3. Aufl., S. 357–411). Göttingen: Hogrefe.

Luthans, F., Hodgetts, R.M. & Rosenkrantz, S.A. (1988). *Real managers*. Cambridge: Ballinger.

Luthans, F. & Rosenkrantz, S. (1995). Führungstheorie – Soziale Lerntheorie. In A. Kieser, G. Reber & R. Wunderer (Hrsg.), *Handwörterbuch der Führung* (2. Aufl., S. 1005–1021). Stuttgart: Schäffer-Poeschel.

Mäkikangas, A. & Kinnunen, U. (2003). Psychosocial work stressors and well-being: Self-esteem and optimism as moderators in a one-year longitudinal sample. *Personality and Individual Differences, 35,* 537–557. https://doi.org/10.1016/S0191-8869(02)00217-9

Merriman, K.K. (2017). Extrinsic work values and feedback: Contrary effects for performance and well-being. *Human Relations, 70,* 339–361. https://doi.org/10.1177/0018726716655391

Montano, D., Li, J. & Siegrist, J. (2016). The measurement of effort-reward imbalance at work (ERI). In J. Siegrist & M. Wahrendorf (Eds.), *Work stress and health in a globalized economy: The model of effort-reward imbalance* (pp. 20–42). Cham, Switzerland: Springer. https://doi.org/10.1007/978-3-319-32937-6_2

Nowakowski, J.M. & Conlon, D.E. (2005). Organizational justice: Looking back, locking forward. *International Journal of Conflict Management, 16,* 4–29. https://doi.org/10.1108/eb022921

Ng, T.W.H. (2016). Embedding employees early on: The importance of workplace respect. *Personnel Psychology, 69,* 599–633. https://doi.org/10.1111/peps.12117

O'Reilly, C.A., Caldwell, D.F. & William, P. (1989). Work group demography, social integration, and turnover. *Administrative Science Quarterly, 34,* 21–37. https://doi.org/10.2307/2392984

Osatuke, K., Leiter, M., Belton, L., Dyrenforth, S. & Ramsel, D. (2013). Civility, respect and engagement at the workplace (CREW): A national organization development program at the department of veterans affairs. *Journal of Management Policies and Practices, 1,* 25–34.

Osatuke, K., Moore, S.C., Ward, C., Dyrenforth, S.R. & Belton, L. (2009). Civility, respect and engagement in the workforce (CREW): Nationwide organization development intervention at Veterans Health Administration. *Journal of Applied Behavioral Science, 45,* 384–410. https://doi.org/10.1177/0021886309335067

Oxenstierna, G., Ferrie, J., Hyde, M., Westerlund, H. & Theorell, T. (2005). Dual source support and control at work in relation to poor health. *Scandinavian Journal of Public Health, 33,* 455–463. https://doi.org/10.1080/14034940510006030

Parveen, M. & Adeinat, l. (2019). Transformational leadership: Does it really decrease work-related stress? *Leadership & Organization Development Journal, 40*, 860–876. https://doi.org/10.1108/LODJ-01-2019-0023

Pereira, C., Meier, L.L. & Elfering, A. (2013). Short term effects of social exclusion at work and worries on sleep. *Stress and Health, 29*(3), 240–252. https://doi.org/10.1002/smi.2461

Pereira, D., Semmer, N.K. & Elfering, A. (2014). Illegitimate tasks and sleep quality: An ambulatory study. *Stress and Health, 30*(3), 209–221. https://doi.org/10.1002/smi.2599

Pfister, I.B., Jacobshagen, N., Kälin, W. & Semmer, N.K. (2020). How does appreciation lead to higher job satisfaction? *Journal of Managerial Psychology, 35,* 465–479. https://doi.org/10.1108/JMP-12-2018-0555

Pichler, S. (2012). The social context of performance appraisal and appraisal reactions: A meta-analysis. *Human Resource Management, 51,* 709–732. https://doi.org/10.1002/hrm.21499

Porath, C.L. & Erez, A. (2007). Does rudeness really matter? The effects of rudeness on task performance and helpfulness. *Academy of Management Journal, 50,* 1181–1197.

Porter, C.M., Woo, S.E., Allen, D.G. & Keith, M.G. (2019). How do instrumental and expressive network positions relate to turnover? A meta-analytic investigation. *Journal of Applied Psychology, 104,* 511–536. https://doi.org/10.1037/apl0000351

Prümper, J. & Becker, M. (2011). Freundliches und respektvolles Führungsverhalten und die Arbeitsfähigkeit von Beschäftigten. In B. Badura, A. Ducki, H. Schröder, J. Klose & K. Macco (Hrsg.), *Fehlzeiten-Report 2011: Führung und Gesundheit* (S. 37–47). Berlin: Springer. https://doi.org/10.1007/978-3-642-21655-8_4

Rabenu, E. & Yaniv, E. (2017). Psychological resources and strategies to cope with stress at work. *International Journal of Psychological Research, 10,* 8–15. https://doi.org/10.21500/20112084.2698

Rockstuhl, T., Dulebohn, J.H., Ang, S. & Shore, L.M. (2012). Leader-member exchange (LMX) and culture: A meta-analysis of correlates of LMX across 23 countries. *Journal of Applied Psychology, 97*(6), 1097–1130. https://doi.org/10.1037/a0029978

Rödel, A., Siegrist, J., Hessel, A. & Brähler, E. (2004). Psychometrische Testung des Fragebogens zur Messung beruflicher Gratifikationskrisen an einer repräsentativen deutschen Stichprobe. *Zeitschrift für Differentielle und Diagnostische Psychologie, 25,* 227–238. https://doi.org/10.1024/0170-1789.25.4.227

Rosenstiel, L. von & Kaschube, J. (2014). Führung. In H. Schuler & U.P. Kanning (Hrsg.), *Lehrbuch der Personalpsychologie* (3. Aufl., S. 677–724). Göttingen: Hogrefe.

Rubenstein, A.L., Eberly, M.B., Lee, T.W. & Mitchell, T.R. (2018). Surveying the forest: A meta-analysis, moderator investigation, and future-oriented discussion of the antecedents of voluntary employee turnover. *Personnel Psychology, 71,* 23–65. https://doi.org/10.1111/peps.12226

Schat, A.C.H. & Kelloway, E.K. (2005). Workplace Aggression. In J. Barling, E.K. Kelloway & M.R. Frone (Eds.), *Handbook of Work Stress* (pp. 189–218). Thousand Oaks, CA: Sage.

Schilpzand, P., de Pater, I.E. & Erez, A. (2016). Workplace incivility: A review of the literature and agenda for future research. *Journal of Organizational Behavior, 37,* 57–88. https://doi.org/10.1002/job.1976

Schuler, H. (2014). Biografieorientierte Verfahren der Personalauswahl. In H. Schuler & U.P. Kanning (Hrsg.), *Lehrbuch der Personalpsychologie* (3. Aufl., S. 257–299). Göttingen: Hogrefe.

Schuler, H. (2018). *Das Einstellungsinterview* (2. Aufl.). Göttingen: Hogrefe. https://doi.org/10.1026/02871-000

Schulte-Braucks, J., Baethge, A., Dormann, C. & Vahle-Hinz, T. (2019). Get even and feel good? Moderating effects of justice sensitivity and counter productive work behavior on the relationship between illegitimate tasks and self-esteem. *Journal of Occupational Health Psychology, 24,* 241–255. https://doi.org/10.1037/ocp0000112

Schwarz, C. & Genkova, P. (2009). Fairness vs. Transparenz? Leistungsbeurteilung und Arbeitszufriedenheit. In G. Raab & A. Unger (Hrsg.), *Der Mensch im Mittelpunkt wirtschaftlichen Handelns. Tagungsband zur 15. Fachtagung der „Gesellschaft für angewandte Wirtschaftspsychologie". Ludwigshafen,* 10.–11. *Juli 2009* (S. 263–279). Lengerich: Pabst.

Schyns, B. & Schilling, J. (2013). How bad are the effects of bad leaders? A meta-analysis of destructive leadership and its outcomes. *The Leadership Quarterly, 24,* 138–158. https://doi.org/10.1016/j.leaqua.2012.09.001

Semmer, N.K. (2020). Conflict and Offense to Self. In T. Theorell (Ed.), *Handbook of Socioeconomic Determinants of Occupational Health* (pp. 423–452). Cham, Switzerland: Springer.

Semmer, N.K., Elfering, A., Jacobshagen, N., Perrot, T., Beehr, T.A. & Boos, N. (2008). The emotional meaning of instrumental social support. *International Journal of Stress Management, 15,* 235–251. https://doi.org/10.1037/1072-5245.15.3.235

Semmer, N.K. & Jacobshagen, N. (2010). Feedback im Arbeitsleben – eine Selbstwert-Perspektive. *Gruppendynamik und Organisationsberatung, 41,* 39–55. https://doi.org/10.1007/s11612-010-0104-9

Semmer, N.K., Jacobshagen, N., Keller, A.C. & Meier, L.L. (2020). Adding insult to injury: Illegitimate stressors and their association with situational well-being, social self-esteem, and desire for revenge. *Work and Stress, 35*(3), 262–282. https://doi.org/10.1080/02678373.2020.1857465

Semmer, N.K., Jacobshagen, N., Meier, L.L., Elfering, A., Beehr, T.A., Kälin, W. & Tschan, F. (2015). Illegitimate tasks as a source of work stress. *Work and Stress, 29,* 32–56. https://doi.org/10.1080/02678373.2014.1003996

Semmer, N.K., Tschan, F., Jacobshagen, N., Beehr, T.A., Elfering, A., Kälin, W. & Meier, L.L. (2019). Stress as offense to self: a promising approach comes of age. *Occupational Health Science, 3,* 205–238. https://doi.org/10.1007/s41542-019-00041-5

Semmer, N.K., Tschan, F., Meier, L.L., Facchin, S. & Jacobshagen, N. (2010). Illegitimate tasks and counterproductive work behavior. *Applied Psychology: An International Review, 59,* 70–96. https://doi.org/10.1111/j.1464-0597.2009.00416.x

Siegrist, J. (2016). A theoretical model in the context of economic globalization. In J. Siegrist & M. Wahrendorf (Eds.), *Work stress and health in a globalized economy: The model of effort-reward imbalance* (pp. 3–19). Cham, Switzerland: Springer.

Siegrist, J., Starke, D., Chandola, T., Godin, I., Marmot, M., Niedhammer, I. & Peter, R. (2004). The measurement of Effort-Reward Imbalance at work: European comparisons. *Social Science and Medicine, 58,* 1483–1499. https://doi.org/10.1016/S0277-9536(03)00351-4

Siegrist, J. & Wahrendorf, M. (Eds.). (2016). *Work stress and health in a globalized economy: The model of effort-reward imbalance.* Cham, Switzerland: Springer. https://doi.org/10.1007/978-3-319-32937-6

Siegrist, J., Wege, N., Pühlhofer, F. & Wahrendorf, M. (2009). A short generic measure of work stress in the era of globalization: Effort-reward imbalance. *International Archives of Occupational and Environmental Health, 82,* 1005–1013. https://doi.org/10.1007/s00420-008-0384-3

Smith, H.J. & Tyler, T.R. (1997). Choosing the right pond: The impact of group membership on self-esteem and group-oriented behavior. *Journal of Experimental Social Psychology, 33,* 146–170. https://doi.org/10.1006/jesp.1996.1318

Stocker, D., Jacobshagen, N., Krings, R., Pfister, I.B. & Semmer, N.K. (2014). Appreciative leadership and employee well-being in everyday working life. *German Journal of Research in Human Resource Management, 28,* 73–95. https://doi.org/10.1177/239700221402800105

Stocker, D., Jacobshagen, N., Semmer, N.K. & Annen, H. (2010). Appreciation at work in the Swiss armed forces. *Swiss Journal of Psychology, 69,* 117–124. https://doi.org/10.1024/1421-0185/a000013

Stocker, D., Keller, A.C., Meier, L.L., Elfering, A., Pfister, I.B., Jacobshagen, N. & Semmer, N.K. (2018). Appreciation by supervisors buffers the impact of work interruptions on well-being longitudinally. *International Journal of Stress Management, 26,* 331–343. https://doi.org/10.1037/str0000111

Tepper, B.J. (2000). Consequences of abusive supervision. *Academy of Management Journal, 43,* 178–190.

Tepper, B.J. (2007). Abusive supervision in work organizations: Review, synthesis, and research agenda. *Journal of Management, 33,* 261–289. https://doi.org/10.1177/0149206307300812

Thibaut, J.W. & Walker, L. (1975). *Procedural justice: A psychological analysis.* Hillsdale, NJ: Erlbaum.

van Quaquebeke, N. & Eckloff, T. (2010). Defining respectful leadership: What it is, how it can be measured, and another glimpse at what it is related to. *Journal of Business Ethics, 91,* 343–358. https://doi.org/10.1007/s10551-009-0087-z

van Quaquebeke, N. & Eckloff, T. (2013). Why follow? The interplay of leader categorization, identification, and feeling respected. *Group Processes and Intergroup Relations, 16,* 68–86. https://doi.org/10.1177/1368430212461834

van Quaquebeke, N. & Felps, W. (2018). Respectful inquiry: A motivational account of leading through asking questions and listening. *Academy of Management Review, 43,* 5–27. https://doi.org/10.5465/amr.2014.0537

van Quaquebeke, N., Henrich, D.C. & Eckloff, T. (2007). „It's not tolerance I'm asking for, it's respect!" A conceptual framework to differentiate between tolerance, acceptance and respect. *Gruppendynamik und Organisationsberatung, 38,* 185–200. https://doi.org/10.1007/s11612-007-0015-6

van Quaquebeke, N., Zenker, S. & Eckloff, T. (2009). Find out how much it means to me! The importance of interpersonal respect in work values compared to perceived organizational practices. *Journal of Business Ethics, 89,* 423–431. https://doi.org/10.1007/s10551-008-0008-6

Weitz, J. (1956). Job expectancy and survival. *Journal of Applied Psychology, 40,* 245–247. https://doi.org/10.1037/h0048082

Vardaman, J.M., Taylor, S., Allen, D., Gondo, M.B. & Amis, J. (2015). Translating intentions to behavior: The interaction of network structure and behavioral intentions in understanding employee turnover. *Organization Science, 26,* 1177–1191. https://doi.org/10.1287/orsc.2015.0982

Venkataramani, V., Labianca, G.J. & Grosser, T. (2013). Positive and negative workplace relationships, social satisfaction, and organizational attachment. *Journal of Applied Psychology, 98,* 1028–1039. https://doi.org/10.1037/a0034090

Wikoff, M.B., Anderson, D.C. & Crowell, C.R. (1983). Behavior management in a factory setting. Increasing work efficiency. *Journal of Organizational Behavior Management, 4,* 97–128. https://doi.org/10.1300/J075v04n01_04

Yukl, G., Gordon, A. & Taber, T. (2002). A hierarchical taxonomy of leadership behavior: Integrating a half century of behavior research. *Journal of Leadership and Organizational Studies, 9,* 15–32. https://doi.org/10.1177/107179190200900102

Zok, K. (2011). Führungsverhalten und Auswirkungen auf die Gesundheit der Mitarbeiter – Analyse von WidO-Mitarbeiterbefragungen. In B. Badura, A. Ducki, H. Schröder, J. Klose & K. Macco (Hrsg.), *Fehlzeiten-Report 2011: Führung und Gesundheit* (S. 27–36). Berlin: Springer. https://doi.org/10.1007/978-3-642-21655-8_3

Zuschlag, B. (2001). *Mobbing: Schikane am Arbeitsplatz* (3. Aufl.). Göttingen: Verlag für Angewandte Psychologie.

8 Anhang: Trainerleitfaden „Förderung der Zusammenarbeit im Team“

Begrüßung, Vorstellungsrunde und Agenda	Zeitbedarf	10 Minuten
	Inhalte	Begrüßung und Motivation durch den Trainer: • Willkommen heißen • Enttrivialisieren: Vermeintliche „Kleinigkeiten“ gerade bei virtuellen Teams womöglich besonders wichtig Kurze Vorstellungsrunde (nur Name) Vorstellung der Agenda: • Begrüßung und Einführung • Bewusstes Bedanken • Jemanden um seine Meinung bitten • Besprechungen positiv beginnen • Diskussion • Abschluss
	Ziele	• Aufwärmen; Motivation der Teilnehmer (TN) erhöhen • Einen Überblick über das Training geben
	Moderations-technik	Plenumsarbeit
	Material	• Präsentation • Ggf. Agenda im Raum aushängen (bei Präsenztraining) • Teilnehmerliste

Themenblock 1: Bewusstes Bedanken	Zeitbedarf	20 Minuten

	Inhalte	• Erläutern des Unterschiedes zu beiläufigem Bedanken:
		  – Trainer sagt auf verschiedene Art und Weise „Danke“ – gehetzt, ironisch, beiläufig, bewusst, genervt
		  – TN fragen, ob sie Unterschiede gehört haben
		• *Schnelles Bedanken:* „Ah, Danke“: Danke fürs Kaffee mitbringen, etwas auf den Platz legen, ...
		• *Bewusstes Bedanken:* „Danke, dass du dir die Zeit genommen hast, das für mich zu erledigen.“
		  – Den Grund des Dankes auszuführen, kann dem „Danke“ noch zusätzlichen Nachdruck verleihen.

		• Nach Brun & Dugas (2008): Beispiele, wofür man sich bedanken kann – *Resultat:* „Danke, dass du diesen Kunden gewonnen hast, dadurch sind wir unserem Ziel ein ganzes Stück nähergekommen." – *Arbeitsweise:* „Danke, dass du so zuverlässig arbeitest, ich kann mich immer darauf verlassen, dass du deine To-Dos erledigt hast, und es geht nie etwas unter." – *Person:* „Ich bin froh, dass du mit deiner hilfsbereiten Art ein Teil unseres Teams bist!" – *Beiträge über Kernaufgaben hinaus:* „Danke, dass du immer so eine gute Stimmung im Team machst!" • Beispiele sammeln für bewusstes Bedanken: Ein „Danke", bei dem der Grund konkret ausgeführt wird: „Danke, dass du für mich beim Lieferanten nachgefasst hast und ein gutes Ergebnis erzielen konntest." • Austeilen der Tippkarte und den TN Zeit geben, sich zu notieren, für was sie sich in Zukunft bewusster bedanken möchten
	Ziele	• Unterschied zwischen beiläufigem und bewusstem Bedanken erkennen • Motivation zum Bedanken fördern • Mögliche Beispielsituationen finden
	Moderationstechnik	• Lehrgespräch • Kurze Aktivierungsübung
	Material	• Tippkarte: Bewusstes Bedanken

Themenblock 2: Jemanden um seine Meinung bitten	**Zeitbedarf**	15 Minuten
	Inhalte	Hintergrund: Es gibt viele Kolleginnen und Kollegen im Büro, die jahrelange Erfahrung und andere Sichtweisen haben; diese Ressource wird noch zu wenig genutzt. Beispiel: Täglich sitzen wir an mehreren Aufgaben, bei denen sich uns die Frage stellt: „Soll ich es so oder so machen?" Das kann die Planung eines Projektes, aber auch eine einfache Formulierung in einer E-Mail an einen Kunden sein. Frage: Was könnten Gründe sein, dass die Meinung anderer Personen nicht eingeholt wird? Frage: Wie wirkt es auf mich, wenn jemand mich um meine Meinung fragt?

		→ *Achtung!* Es kommt auf die Dosierung an! → Mithilfe der beiden Fragen soll herausgearbeitet werden, dass die meisten Menschen gerne um ihre Meinung gebeten werden, allerdings sollte dies nicht inflationär stattfinden, sondern auch wichtige Themen betreffen. Eventuelle Hemmungen, jemanden um eine Meinung zu bitten (Person denkt dann, man kann es selbst nicht), sollten abgebaut werden. • Austeilen der Tippkarte und den TN Zeit geben, sich zu notieren, bei welchen Fragestellungen sie in Zukunft die Meinung von Kolleginnen und Kollegen einholen könnten
	Ziele	• Akzeptanz für das Bitten um eine Meinung schaffen • Eventuelle Hemmungen besprechen • Mögliche Einsatzbereiche notieren
	Moderationstechnik	• Lehrgespräch • Fragen an die Gruppe
	Material	• Tippkarte: Meinung einholen

Themenblock 3: Besprechungen positiv beginnen	**Zeitbedarf**	15 Minuten
	Inhalte	• Hintergrund: Besprechungen sollen effizient sein und werden häufig dazu genutzt, zu schauen, was verändert werden muss. Dabei kommt der Blick auf das Positive manchmal etwas zu kurz. (Info: Menschen können sich Negatives viel besser merken als Positives und nehmen sich Negatives auch viel mehr zu Herzen.) • Den Blick auf das Positive zu legen, fällt uns gar nicht so leicht, da wir schnell im „Optimierungsmodus“ sind. Um dem entgegenzuwirken, sollen die TN die nächsten Besprechungen mithilfe von Impulsfragen beginnen, die den Blick auf das Positive legen. → *Achtung!* Hier geht es nicht darum, über etwas Zuckerguss zu gießen, was eigentlich schlecht läuft, sondern das Positive bzw. Erfolge nicht unter den Tisch fallen zu lassen. • Impulsfragen (auch auf der Tippkarte) – Was ist in der Zusammenarbeit gut gelaufen? – Was wollen wir beibehalten? – Was haben wir in der Zusammenarbeit Neues gelernt?

	Ziele	• Relevanz eines positiven Besprechungsbeginns darstellen • Motivation zum Stellen der Impulsfragen fördern
	Moderations-technik	Lehrgespräch
	Material	Tippkarte: Besprechungen positiv beginnen

Diskussion	**Zeitbedarf**	15 Minuten
	Inhalte	• Zunächst offenes Gespräch: Wo könnten Irritationen entstehen? • Frage: Was könnte mich daran hindern, die Handlungsziele auszuführen? Wie kann ich es dennoch schaffen? • Frage: Wie kann ich über die nächsten Wochen hinweg konstant die Handlungsziele umsetzen? Was hilft mir dabei?
	Ziele	Vorwegnehmen von möglichen Hindernissen
	Moderations-technik	Diskussion

Abschluss	**Zeitbedarf**	5 Minuten
	Inhalte	• Zusammenfassen der Trainingsinhalte mit Blick auf die Agenda • Bei den Teilnehmern bedanken • Ausblick geben, wie es weitergeht • Bei Rückfragen als Ansprechpartner verfügbar
	Ziele	Motivation schaffen

9 Sachregister

Praxis der Personalpsychologie

Human Resource Management kompakt

Herausgegeben von Jörg Felfe, Benedikt Hell, Rüdiger Hossiep, Martin Kleinmann und Bettina Kubicek

Martin Zeschke / Hannes Zacher
Homeoffice

Band 41: 2022, VII/151 Seiten, € 26,95 (DE) / € 27,80 (AT) / CHF 36.90
ISBN 978-3-8017-3130-4
Auch als eBook erhältlich

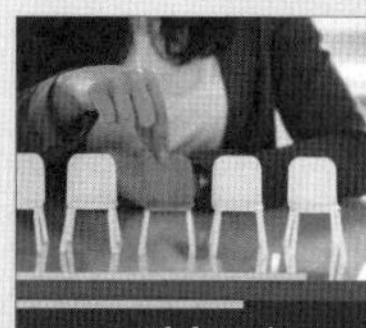

Alexander Häfner / Christina Truschel
Fluktuationsmanagement
Ungewollte Kündigungen vermeiden

Band 40: 2022, VI/171 Seiten, € 26,95 (DE) / € 27,80 (AT) / CHF 36.90
ISBN 978-3-8017-2667-6
Auch als eBook erhältlich

Karsten Müller et al.
Mitarbeiterbefragung
Organisationales Feedback wirksam gestalten

Band 39: 2021, VI/161 Seiten, € 26,95 (DE) / € 27,80 (AT) / CHF 36.90
ISBN 978-3-8017-3016-1
Auch als eBook erhältlich

Rüdiger Hossiep et al.
Mitarbeitergespräche
Motivierend, wirksam, nachhaltig

Band 16: 2., vollst. überarb. und erw. Aufl. 2020, VII/170 Seiten, € 26,95 (DE) / € 27,80 (AT) / CHF 36.90
ISBN 978-3-8017-3002-4
Auch als eBook erhältlich

Martin Scherm / Werner Sarges
360°-Feedback

Band 1: 2., überarb. und erw. Aufl. 2019, VI/132 Seiten, € 26,95 (DE) / € 27,80 (AT) / CHF 36.90
ISBN 978-3-8017-3000-0
Auch als eBook erhältlich

Bestellen Sie jetzt die Reihe zur Fortsetzung zum günstigen Preis von € 19,95* je Band.

Ein Abo beginnt immer mit dem nächsten Band, der erscheint. Ihre Fortsetzungsbestellung umfasst eine Mindestabnahme von vier Titeln in Folge.

* € 20,60 (AT) / CHF 27.90

Sparen Sie mehr als 20 %

www.hogrefe.com